国家职业技能鉴定考试指导

车工

（高级）

（第2版）

主　编　韩英树

编　者　文恒君　张　琦　肖有才　韩　宁　顾　闯
　　　　杨晓波　赵　兵

中国劳动社会保障出版社

图书在版编目（CIP）数据

车工：高级/人力资源和社会保障部教材办公室组织编写. —2 版. —北京：中国劳动
社会保障出版社，2014

国家职业技能鉴定考试指导

ISBN 978－7－5167－0997－9

Ⅰ.①车…　Ⅱ.①人…　Ⅲ.①车削-职业技能-鉴定-自学参考资料　Ⅳ.①TG51

中国版本图书馆 CIP 数据核字（2014）第 069824 号

中国劳动社会保障出版社出版发行

（北京市惠新东街 1 号　邮政编码：100029）

*

三河市华骏印务包装有限公司印刷装订　新华书店经销
787 毫米×1092 毫米　16 开本　13.25 印张　256 千字
2014 年 4 月第 2 版　2019 年 2 月第 2 次印刷
定价：**29.00** 元

读者服务部电话：(010) 64929211/64921644/84626437
营销部电话：(010) 64961894
出版社网址：http://www.class.com.cn

编 写 说 明

《国家职业技能鉴定考试指导》(以下简称《考试指导》)是《国家职业资格培训教程》(以下简称《教程》)的配套辅助教材,每本《教程》对应配套编写一册《考试指导》。《考试指导》共包括三部分:

第1部分:理论知识鉴定指导。此部分按照《教程》章的顺序,对照《教程》各章内容编写。每章包括五项内容:考核要点、重点复习提示、理论知识辅导练习题、操作技能辅导练习题(基础知识中无此内容)、参考答案及说明。

——理论知识考核要点是依据国家职业技能标准、结合《教程》内容归纳出的考核要点,以表格形式叙述。表格由理论知识考核范围、考核要点及重要程度三部分组成。

——理论知识重点复习提示为《教程》各章内容的重点提炼,使读者在全面了解《教程》内容基础上重点掌握核心内容,达到更好地把握考核要点的目的。

——理论知识辅导练习题题型采用两种客观性命题方式,即判断题和单项选择题,题目内容、题目数量严格依据理论知识考核要点,并结合《教程》内容设置。

——理论知识参考答案及说明中,除答案外对题目还配有简要说明,重点解读出题思路、答题要点等易出错的地方,目的是完成解题的同时使读者能够对学过的内容重新进行梳理。

第2部分:操作技能鉴定指导。此部分内容包括三项内容:考核要点、重点复习提示、辅导练习题。

——操作技能考核要点是依据国家职业技能标准、结合《教程》内容归纳出的该职业在该级别总体操作技能考核要点,以表格形式叙述。表格由操作技能考核范围、考核要点及重要程度三部分组成。

——操作技能辅导练习题题型按职业实际情况安排了实际操作题,部分职业还依据职业特点及实际考核情况采用了其他题型。

第3部分:模拟试卷。包括该级别理论知识考试模拟试卷、操作技能考核模拟试卷若干套,并附有参考答案。理论知识考试模拟试卷体现了本职业该级别大部分理论知识考核要点的内容，操作技能考核模拟试卷完全涵盖了操作技能考核范围，体现了专业能力考核要点的内容。

本职业《鉴定指导》共包括5本，即基础知识、初级、中级、高级、技师和高级技师。本书是其中的一本，适用于对高级车工的职业技能培训和鉴定考核。

本书在编写过程中得到了辽宁省人力资源和社会保障厅职业技能鉴定中心、沈阳职业技师学院、沈阳市装备制造工程学校等的大力支持与协助，在此一并表示衷心的感谢。

编写《鉴定指导》有相当的难度，是一项探索性工作。由于时间仓促，缺乏经验，不足之处在所难免，恳切欢迎各使用单位和个人提出宝贵意见和建议。

目　录

第1部分　理论知识鉴定指导

第2部分　操作技能鉴定指导

第 3 部分　模拟试卷

第1部分　理论知识鉴定指导

第1章　套筒及深孔加工

考 核 要 点

理论知识考核范围		考核要点	重要程度
复杂套筒（滑动轴承、液压缸等）零件加工	滑动轴承加工	1．B型滑动轴承识图	★★★
		2．滑动轴承的工作性质和材料	★
		3．滑动轴承接触点的刮研技术要求	★★★
	复杂套筒的装夹	1．套筒识图	★★★
		2．套筒工件的材料、形状、尺寸	★★★
		3．套筒等结构特点	★★★
		4．套筒加工技术要求	★★★
		5．套筒加工方案选择	★★★
		6．薄壁套筒夹具制作方法	★★★
		7．一夹一托的装夹方法	★★
	液压缸	1．液压缸工件识图	★★★
		2．薄壁套筒进行精加工的方法	★★
深孔加工	长套筒工件加工	1．长套筒工件识图	★★★
		2．深孔加工	★★
		3．深孔钻削	★★★
		4．深孔镗削	★★
		5．浮动铰孔	★
		6．深孔加工技巧	★
		7．深孔加工时工件与刀具的运动形式	★★★
	群钻、深孔珩磨工具的特点简介	1．加工液压缸识图	★★
		2．内孔珩磨头及标准群钻	★
		3．深孔珩磨工具的特点	★
		4．群钻刃磨	★★

注："重要程度"中"★"为级别最低，"★★★"为级别最高。

重点复习提示

一、B 型滑动轴承识图

滑动轴承主要加工表面为内孔和外径，外径对内径的同轴度，尺寸精度、几何精度要求较高。

二、滑动轴承的工作性质和材料

滑动轴承分为剖分式和整体式结构。滑动轴承工作平稳、可靠、无噪声。常用的滑动轴承材料有轴承合金（又叫巴氏合金或白合金）、青铜、耐磨铸铁、铜基和铝基合金、粉末冶金材料等。滑动轴承一般应用在低速重载工况条件下，或者是维护保养及加注润滑油困难的运转部位。

因为一般轴颈部分比较耐磨，所以滑动轴承的主要失效形式是磨损。

三、滑动轴承接触点的刮研技术要求

其技术要求是既要使轴颈与滑动轴承均匀细密接触，又要有一定的配合间隙。轴颈与滑动轴承表面的实际接触情况，可用单位面积上的实际接触点数来表示。接触点越多、越细、越均匀，表示滑动轴承刮研得越好；反之，则表示滑动轴承刮研得不好。

四、套筒识图

套筒主要加工表面为 $\phi90^{+0.035}_{0}$ mm 的内孔，尺寸精度、几何精度要求较高。为保证活塞在液压缸体内按要求运动且不漏油，还特别要求内孔光洁无划痕，用研磨剂研磨或抛光。左端面对内孔有垂直度要求。

五、套筒工件的材料、形状、尺寸

1. 套筒零件的材料

套筒零件常用材料是钢、铸铁、青铜或黄铜等。有些要求较高的滑动轴承为节省贵重材料而采用双金属结构，即用离心铸造法在钢或铸铁套筒的内壁上浇铸一层巴氏合金，用来提高轴承寿命。

套筒零件毛坯的选择与热处理、结构尺寸、批量等因素有关。直径较小（如 $d < 20$ mm）的套筒一般选择热轧或冷拔棒料，或实心铸件。直径较大的套筒，常选用无缝钢管或带孔的

铸、锻件。

2. 套筒零件的形状与尺寸

套筒零件主要表面为同轴度要求较高的内、外旋转表面。多为薄壁件，容易变形，长度 L 一般大于直径 d，长径比大于 5 的深孔比较多。

六、套筒等结构特点

套筒用来支承回转轴的各种形式的轴承、夹具中的导向套、液压系统中的液压缸以及内燃机上的汽缸套等，套筒类零件通常起支承和导向作用。

七、套筒加工技术要求

1. 内孔加工的技术要求

内孔是套筒零件起支承或导向作用最主要的表面，通常与运动着的轴、刀具或活塞相配合。其直径尺寸精度一般为 IT7，精密轴承套为 IT6；形状公差一般应控制在孔径公差以内，较精密的套筒应控制在孔径公差的 1/3～1/2 范围之内，甚至更小。对长套筒除了有圆度要求外，还应对孔的圆柱度有要求。为保证套筒零件的使用要求，内孔表面粗糙度 Ra 为 0.16～2.5 μm，某些精密套筒要求更高，Ra 值可达 0.04 μm。

2. 外圆加工的技术要求

外圆表面常以过盈或过渡配合与箱体或机架上的孔相配合起支承作用。其外径尺寸精度通常取 IT6～IT7，形状公差控制在外径公差以内；表面粗糙度 Ra 为 0.63～5 μm。

3. 各主要表面的位置精度

（1）内外圆之间的同轴度

套筒零件是在装配前进行最终加工，因而其同轴度要求较高，一般为 0.01～0.05 mm。

（2）孔轴线与端面的垂直度

套筒零件端面（或凸缘端面）如果在工作中承受轴向载荷，或是作为定位基准和装配基准，这时端面与孔轴线有较高的垂直度或端面圆跳动要求，一般为 0.02～0.05 mm。

八、套筒加工方案选择

套筒零件按其结构形状来分，大体上可以分为短套筒和长套筒两类。两类套筒由于形状上的差异，其工艺加工过程有很大的差别。下面就这两种套筒分别叙述一下它们的工艺特点。

1. 短套筒类零件图样分析

短套筒多个表面一般不能在一次装夹中加工完成，以内孔定位安装在心轴上精车外圆和外阶台面，即可保证图样要求。这个内孔称为工艺定位基准面。

2. 短套筒加工工艺分析

套筒零件主要表面的加工多采用车削加工；为提高生产效率和加工精度也可采用磨削加工。孔加工方法的选择比较复杂，需要考虑零件结构、孔径大小、长径比、精度和表面质量的要求及生产批量等因素。

3. 保证套筒零件表面位置精度的方法

短套筒零件的粗、精车内外圆一般在卧式车床或立式车床上进行，精加工也可以在磨床上进行。用三爪自定心或四爪单动卡盘装夹工件，且经常在一次安装中完成内外表面的全部加工。这种安装方式可以保证零件内外圆的同轴度及端面对中心轴线的垂直度。另一种方法是撑内孔进行加工，防止因为外圆用力装夹而带来的工件向内变形。对于有凸缘的短套筒，可先车凸缘端，然后掉头装夹凸缘端，这种安装方式可防止套筒刚度降低而产生变形。对于尺寸较大且长径比较小的工件可安装在立式车床上加工。

4. 以内孔与外圆互为基准，以达到反复提高同轴度的目的

以精加工好的内孔作为定位基准，用心轴装夹工件并用顶尖支承心轴。此种方法所用夹具机构简单，而且制造安装误差比较小，因此可保证比较高的同轴度要求。

以外圆作精基准最后加工内孔。采用这种方法装夹工件迅速可靠，但因卡盘定心精度不高，易使套筒产生夹紧变形。若要获得较高的同轴度，则必须采用定心精度高的夹具，如"软爪"等。

九、薄壁套筒夹具制作方法

夹紧力不宜集中于工件的某一部分，应使其分布在较大的面积上，以使工件单位面积上所受的压力较小，从而减少其变形。工件外圆用卡盘夹紧时，可以采用软卡爪，用来增加卡爪的宽度和长度。同时软卡爪采取自镗的工艺措施，以减少安装误差。用开缝套筒装夹薄壁工件，由于开缝套筒与工件接触面积大，夹紧力均匀分布在工件外圆上，不易产生变形。

1. 以外圆为基准的薄壁套筒夹具的制作及使用方法

采用轴向夹紧工件的夹具，由于工件靠螺母端面沿轴向夹紧，故其夹紧力产生的径向变形极小。

2. 以内孔为基准的薄壁套筒夹具的制作及使用方法

当加工小型工件时，可用已加工好的内孔作为定位基准，需根据内孔配制一根心轴，再将装夹工件的心轴支承在车床上。心轴采用实体心轴。实体心轴又称小锥度心轴，锥度 $C = 1:5\,000 \sim 1:1\,000$，这种心轴容易制造，定心精度高，但工件轴向无法定位，承受切削力小。

3．均匀夹紧力机构的典型结构

薄壁套筒在加工过程中，径向夹紧时应尽可能使径向夹紧力均匀，采用开缝过渡套筒套在工件的外圆上，用三爪自定心卡盘夹工件。也可以采用工艺卡爪装夹，以增大卡爪与工件的接触面积，在旧的卡盘爪内装夹加工过的圆钢，车削卡爪内圆。也可以在卡爪上面焊接一块钢板或铜板，将未经淬火的 45 钢在车床上车削成形，圆弧直径稍大于所要装夹工件的直径，并车削出一个台阶用于工件的端面进行定位。

十、一夹一托的装夹方法

加工较长套筒类工件的深孔和端面时，工件安装常采用"一夹一托"的方式，即一端用卡盘夹住，另一端搭中心架托住，调整中心架应注意工件轴线必须与车床主轴回转轴线同轴，否则车内孔时，会产生锥度，如果工件严重偏斜，工件转动时会产生扭动，很快会从卡盘上掉下来，并把工件外圆表面夹伤。

十一、液压缸工件识图

1．工件尺寸及几何精度要求

套筒全长（400 ± 0.3）mm，工件外圆直径 $\phi 110_{-0.047}^{0}$ mm，内径 $\phi 90_{0}^{+0.039}$ mm，且内孔的圆柱度为 0.03 mm。内孔及外圆的表面粗糙度为 $Ra \leq 1.6$ μm。

2．工件制作夹具的必要性

工件全长为 400 mm，工件用卡盘夹住后伸出较长，在加工中要采用中心架做辅助支承提高工件的刚度。

十二、薄壁套筒进行精加工的方法

套筒类零件加工以孔的粗、精加工最为重要。常采用的加工方法有钻孔、扩孔、车、镗孔、磨孔、拉孔及研磨孔等。其中钻孔、扩孔、车、镗孔一般作为孔的粗加工与半精加工，磨孔、拉孔及研磨孔为孔的精加工。在确定孔的加工方案时一般按以下原则进行：孔径较小的孔，大多采用钻扩铰的方案；孔径较大的孔，大多采用钻孔后车孔的方案；淬火钢或精度要求较高的套筒类零件，则需用磨孔的方法。

1．钻孔

钻孔是孔加工的一种基本方法，它在机械加工中占有较大的比重。钻孔所用刀具分为扁钻和麻花钻。钻削时常常产生的缺点有：钻头容易引偏，造成孔轴线的偏移和产生直线度误差；孔径容易扩大；孔壁粗糙；钻削时的轴向力大。所以钻头一般只能用来加工精度要求不高的孔，或作为精度要求较高孔的粗加工。一般尺寸精度为 IT11～IT14，表面粗糙度 Ra 为

$12.5 \sim 60 \ \mu m$。

为了改善加工情况，工艺上可采用下列措施。

（1）钻孔前先加工端面，保证端面与钻头垂直，防止引偏。

（2）刃磨时尽量把钻头的两主切削刃磨得对称。使两刀刃产生的径向切削力大小一致。

（3）用钻模作导向装置。这样可减小钻孔开始时的引偏，特别是在斜面或曲面上的孔。

（4）钻小孔或深孔时应采用较小的进给量。

2．扩孔

扩孔是用扩孔钻来扩大工件上已有孔径的加工方法。扩孔时由于背吃刀量小，排屑容易，但要求钻正孔径直线度，因此要求扩孔钻的刚度要好，安装刚度要好。另外由于扩孔钻刀齿较多，导向性好，切削平稳，可在一定程度上校直钻孔的轴线歪斜。

扩孔加工余量一般为孔径的 1/8 左右，进给量一般较大（$0.4 \sim 2$ mm/r），生产效率较高。

3．车孔

车孔是在已经钻、铸、锻、模加工孔的基础上，用车刀使孔径扩大并提高加工质量的加工方法。它能应用于孔的精加工、半精加工或粗加工。车、镗孔质量（指孔的几何精度）主要取决于机床精度。车孔时容易产生振动，故生产效率较低。此外，车孔能修正前工序加工后所造成孔的轴线歪斜和偏移，以获得较高的位置精度。

4．铰孔

铰孔是用铰刀对未淬硬孔进行精加工的一种方法。其加工精度一般为 IT7 ~ IT8，表面粗糙度 Ra 可达 $0.8 \sim 1.6 \ \mu m$。

5．浮动铰刀

浮动铰刀能够铰削较大的孔。

（1）浮动铰刀

浮动铰刀的切削刃长，刀片调整的范围达 $5 \sim 8$ mm，刀具适应性大，使用寿命长。浮动铰刀采用硬质合金刀片，车削时切削刃不易磨损，可减小孔的圆度误差。在加工中刀块塞进刀杆的方孔内可自由滑动（配合间隙不宜太大），并能自动平衡位置。

（2）选择合适的加工余量

余量过大，会提高切削过程中的发热量，使铰刀直径膨胀而导致孔径无穷大，切屑增多而划伤孔壁，表面质量下降。余量过小，不能去掉上工序的刀痕，刀齿易打滑，使表面粗糙度值增加。一般粗铰余量为 $0.15 \sim 0.35$ mm，精铰余量为 $0.04 \sim 0.15$ mm。孔径较小或精度要求较高的孔取小值。

（3）确定合理的切削用量

为提高铰孔精度，降低表面粗糙度值，必须避免产生积屑瘤，因而应用较小的切削速度和进给量。

（4）正确选择冷却液

铰孔时必须选用适当的冷却液来降低刀具和工件的温度，以防止产生积屑瘤，并减少黏附在铰刀和孔壁上的切屑细末，从而降低表面粗糙度值和减小孔的扩大量。

十三、长套筒工件识图

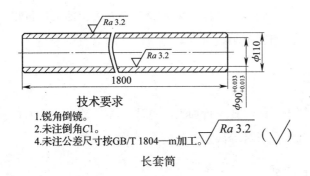

技术要求
1. 锐角倒镜。
2. 未注倒角C1。
4. 未注公差尺寸按GB/T 1804—m加工。

长套筒

识别长套筒工件的技术要求如下。

（1）长套筒内孔尺寸 $\phi 90_{+0.013}^{+0.033}$ mm，尺寸精度要求较高，内表面粗糙度为 $Ra \leqslant 0.8$ μm，需要安装浮动镗刀镗孔至表面粗糙度要求。

（2）套筒长度尺寸1800 mm，长径比为（1800/90）= 20，属于中等深孔，加工中对刀具要求较高。

十四、深孔加工

1. 孔的分类

孔的长度与直径之比 $L/d > 5$ 时，一般称为深孔。深孔按长径比又可分为三类：$L/d = 5 \sim 20$ 属一般深孔；$L/d = 20 \sim 30$ 属中等深孔；$L/d = 30 \sim 100$ 属特殊深孔。

2. 深孔加工特点

普通钻头由于排屑空间有限，冷却液进出通道没有分开，无法注入高压冷却液。因此深孔加工中必须首先解决排屑、导向和冷却这几个主要问题，以保证钻孔的精度。

深孔钻削时轴线容易歪斜。深孔直径较小而孔又深，切屑不易排出。由于内孔较深切削液不易进入，使切削温度过高，散热较难，刀具易磨损。由于孔较深，加工中很难观察内部情况，质量不易得到保证。

十五、深孔钻削

成批和大量生产中，深孔钻削宜采用深孔刀具在专用的深孔钻床上进行。常用的深孔钻有枪钻、喷吸钻等。

深孔钻削有外排屑和内排屑两种方式。

十六、深孔镗削

深孔车削与一般车削不同，在钻杆上装上深孔镗刀头，即可进行粗、精车削。在车孔前要车削一个引导孔，使之与回转轴线重合。镗刀尺寸用对刀块调整。

十七、浮动铰孔

浮动铰孔是对半精车后的深孔进行加工的方法。浮动铰刀块在刀杆长方形孔内可以自由地滑动，消除了由于机床及刀具等误差引起的孔径尺寸误差。

十八、深孔加工技巧

1. 钻头定位

为了防止钻孔时钻头偏斜，可在刀台安装一个木方或车刀刀杆，当钻头接触工件后转动中滑板，使木方顶住钻头，钻头不出现摆动，这样就可以进行钻孔了。

2. 防止振动的措施

刀杆受内孔直径限制，一般细而长，刚度差，车削时容易产生振动和让刀现象，使工件产生波纹、锥度等缺陷。车孔时，应预防出现振动现象。

（1）内支承法增强刀杆刚度

增加刀杆的宽度和厚度可采用辅助支承的方法。

在刀杆下面攻出一个 M10 的螺纹，并拧进一个长度适当的圆头螺杆。车孔时先试车出长约 30 mm 的台阶孔，这时停车调整螺栓，使螺栓头与孔壁接触并锁紧进行车削。

（2）较大孔支承

对于直径和长度尺寸较大的孔，在车刀周围加工出相互垂直的螺孔，在螺孔内拧上螺柱，并与刀杆垂直。螺栓头部与刀尖同在一个旋转直径表面。每次调好螺栓伸出距离后要将螺母锁紧。在车孔时螺栓头部与被加工表面接触，起到支承刀杆的作用。

（3）内孔冷却刀杆

车深孔是一项难度比较大的工作，为了解决加工中冷却条件差的问题，使用内冷却刀杆。切削时切削液从刀杆尾部进入刀杆再进入工件内部，然后排出。

（4）深孔组合刀杆

将刀杆安装在车床的刀架上，将内孔刀磨成一反一正刀刃，安装时车刀头伸出的长度在孔内窜动成长度不同的两个刀头，伸出较短的车刀先进行车削，伸出较长的车刀进行第二次车削将孔车至尺寸。只需调整两个车刀头伸出的长度就可使刀杆加工出不同直径的深孔。

十九、深孔加工时工件与刀具的运动形式

1. 工件旋转、刀具不转只做进给

这种加工方式多在卧式车床上用深孔刀具或用接长的麻花钻加工中小型套筒类与轴类零件深孔时应用。

2. 工件不转刀具旋转并进给

这种钻孔方式主要应用在工件特别大而笨重，工件不宜转动或孔的中心线不在旋转中心上。这种加工方式易产生孔轴线的歪斜，钻孔精度较差。

二十、加工液压缸识图

液压缸的外部采用毛坯料，不进行加工，内孔要求圆柱度、直线度、内孔轴线对两侧外圆轴线的同轴度；两端面垂直于右侧的定位基准面等要求。

二十一、内孔珩磨头及标准群钻

1. 内孔珩磨头

简易珩磨头的倾斜角度可按实际加工时的情况确定，作用是防止珩磨轮在进给中脱落，在珩磨轮的角度弯曲处，可加弹簧片，使珩磨头的角度进行微小改变，适应内孔的变化。

2. 深孔珩磨头

深孔珩磨头一般用于内孔的珩磨，如车床尾座套筒内孔的珩磨。一般研磨立孔时用深孔珩磨头也较多。

3. 标准群钻

标准群钻的形状是刃磨其他各种钻头的基本功。标准群钻的特点是在钻头主后面刃磨出断屑槽使排屑顺利，提高了钻头的寿命。

二十二、深孔珩磨工具的特点

珩磨对机床精度的要求较低。在满足同样精度要求条件下，珩磨机床比其他加工方法的机床精度要低一级或更多。在车床上珩磨可解决现场珩磨设备的不足，只要对车床做相应的改装，加工珩磨头和必要的工装，就可满足生产的需要。特别是利用珩磨轮进行珩磨，对工

件前工序的表面质量要求不高，即使是车削加工的表面也可直接进行轮式珩磨。

较低的低表面粗糙度值是珩磨加工的先决条件，否则是达不到应有的精度和表面质量的。

二十三、群钻刃磨

群钻是使用麻花钻修磨而成的，与麻花钻相比有的优点是：钻削轻快省力，可选用较大进给量，耐用度高，定心作用好。

群钻是用标准麻花钻在切削部分修磨而成的新钻头，是一种高效、耐用度较高的钻削刃具，其结构和几何参数与标准麻花钻有一定的区别。其主要特点是在主切削刃和后刀面上磨出月牙槽，形成凹圆弧刃，增加了钻心强度，加大了圆弧前角，降低了切削力，把一条切削刃分成两段或三段使排屑顺利，提高了钻头的使用寿命。

理论知识辅导练习题

一、判断题（下列判断正确的请在括号内打"√"，错误的请在括号内打"×"）

1. 滑动轴承的主要失效形式是磨损。　　　　　　　　　　　　　　　　　　（　　）

2. 车削加工的表面不能直接进行轮式珩磨。　　　　　　　　　　　　　　　（　　）

3. 深孔加工刀具的刀杆应具有配重，还应有辅助支承，防止或减小振动和让刀。
　　　　　　　　　　　　　　　　　　　　　　　　　　　　　　　　　（　　）

4. 标准群钻的结构特点简称为"三尖七刃两种槽"。　　　　　　　　　　　　（　　）

5. 深孔加工中必须首先解决排屑、导向和冷却这几个主要问题。　　　　　　（　　）

6. 深孔钻削时轴线容易歪斜。　　　　　　　　　　　　　　　　　　　　　（　　）

7. 短孔钻削时轴线容易歪斜。　　　　　　　　　　　　　　　　　　　　　（　　）

8. 用钻模作导向装置，在斜面或曲面上钻孔时，不能减小钻孔开始时的引偏。（　　）

9. 铰孔时，如果车床尾座偏离主轴中心线，铰出的孔表面粗糙度值就大。　　（　　）

10. 车深孔时，减小切削速度可以消除刀杆产生振动和让刀现象。　　　　　（　　）

二、单项选择题（下列每题有4个选项，其中只有1个是正确的，请将其代号填写在横线空白处）

1. 为了保证滑动轴承内外圆的同轴度，应采用_____车削后，进行切断。

　　A. 一次　　　　　　　B. 调头　　　　　　　C. 粗、精　　　　　　　D. 多次

2. 直径较大的套筒，一般选择_____。

　　A. 热轧棒料　　　　B. 冷拔棒料　　　　C. 实心铸件　　　　D. 无缝钢管

3. 精密轴承套孔径精度为_____，形状公差一般应控制在孔径公差以内。

    A. IT5   B. IT6   C. IT7   D. IT8

4. 一般套筒类零件形状公差应控制在孔径公差以内，较精密的套筒应控制在孔径公差的_____范围之内。

    A. $1/6 \sim 1/5$ B. $1/5 \sim 1/4$ C. $1/4 \sim 1/3$ D. $1/3 \sim 1/2$

5. 短套筒多个表面一般不能在一次装夹中加工完成，以内孔定位安装在心轴上精车外圆和外阶台面，这个内孔称为_____基准面。

    A. 设计   B. 测量   C. 工艺定位   D. 装配

6. 孔加工方法虽然复杂，从零件的几何形状方面未考虑零件_____因素。

    A. 结构   B. 孔径大小   C. 长径比   D. 毛坯材料

7. 在立式车床上可加工_____。

    A. 尺寸较大、长径比较大   B. 尺寸较小、长径比较大

    C. 尺寸较大、长径比较小   D. 尺寸较小、长径比较小

8. _____并不是软卡爪的优点。

    A. 夹紧力大   B. 不能夹伤工件

    C. 获得较高的同轴度   D. 容易装夹

9. 孔径较小的孔，大多采用_____的方案。

    A. 钻扩铰   B. 磨孔   C. 钻孔后车孔   D. 钻孔

10. 钻孔的表面粗糙度 Ra 一般为_____ μm。

    A. $25 \sim 60$ B. $50 \sim 80$ C. $50 \sim 100$ D. $12.5 \sim 60$

11. $\phi 20$ mm 的孔，一般钻孔后铰孔的余量为_____ mm。

    A. $0.15 \sim 0.35$ B. $0.25 \sim 0.35$ C. $0.04 \sim 0.15$ D. $0.04 \sim 0.10$

12. 孔的长度与直径之比 $L/d >$ _____时，一般称为深孔。

    A. 5   B. 20   C. $20 \sim 30$ D. $30 \sim 100$

13. 车床镗削内孔是以_____旋转做主运动。

    A. 镗刀   B. 车刀   C. 铣刀   D. 刨刀

14. 车削同轴度要求较高的套类工件时，可采用_____。

    A. 台阶式心轴   B. 小锥度心轴

    C. 弹力心轴   D. 顶尖支承

15. 在车床上钻孔时，钻出的孔径偏大的主要原因是钻头的_____。

    A. 后角太大   B. 两主切削刃长度不等

    C. 横刃太长   D. 前角太大

16. 麻花钻的顶角增大时，前角_____

    A. 减小   B. 不变   C. 增大   D. 基本不变

17. 深孔加工的关键技术是选择合理的深孔钻几何形状和角度，解决_____问题。

    A. 冷却和排屑   B. 冷却和测量

    C. 切削和冷却   D. 排屑和测量

18. 在深孔加工中应配有专用装置将切削液输入到切削区，切削液的流量要达到_____ L/min。

    A. 50～150   B. 50～100   C. 30～150   D. 30～100

19. 对于深孔件的尺寸精度，可以用_____进行检验。

    A. 内径千分尺或内径百分表   B. 塞尺或内径千分尺

    C. 塞尺或内卡钳   D. 以上均可

20. 深孔件表面粗糙度最常用的测量方法是_____。

    A. 轴切法   B. 影像法   C. 反射法   D. 比较法

21. 精铰深孔时，孔的直线度已预先保证，否则_____出现直线度误差。

    A. 一定   B. 不一定   C. 一定不   D. 有可能

22. _____的排屑方式有内排屑和外排屑两种。

    A. 深孔钻削   B. 车削深孔   C. 深孔铰削   D. 深孔镗削

23. 钻、扩、铰孔时，产生喇叭形孔与机床有关的因素是_____。

    A. 滑板移动对尾座顶尖套锥孔轴线的平行度误差

    B. 滑板移动的直线度误差

    C. 滑板移动对主轴轴线的平行度超差

    D. 床身导轨面严重磨损

24. 在夹紧薄壁类工件时，夹紧力着力部位应尽量_____。

    A. 接近工件的加工表面

    B. 远离工件的加工表面

    C. 远离工件的加工表面，并尽可能使夹紧力增大

    D. 接近工件的加工表面，且夹紧力越大越好

25. 深孔加工时刀杆受孔径的限制，一般是细而长，刚度差，车削时容易引起_____现象。

    A. 振动和退刀   B. 振动和让刀

    C. 退刀和扎刀   D. 退刀和让刀

26. 对深孔粗加工刀具的要求是：有足够的_____，能顺利排屑，切削液注入切削区。

A. 韧性和强度   B. 硬度和强度

C. 刚度和强度   D. 韧性和硬度

27. 滑动轴承材料不用_____材料加工。

    A. 轴承合金   B. 耐磨铸铁

    C. 铜基和铝基合金   D. 黑色金属

28. 滑动轴承的主要失效形式是_____。

    A. 磨损   B. 断裂   C. 变形   D. 损坏

29. 轴颈与滑动轴承的接触用单位面积上的实际接触点数表示，且_____。

    A. 少一点好   B. 多一点好   C. 有点即可   D. 越少越好

30. 液压缸体内最后要求_____加工。

    A. 精车床   B. 精铣床   C. 研磨剂研磨或抛光   D. 内磨床

31. 直径较小（如 $d < 20$ mm）的套筒一般选择_____。

    A. 热轧或冷拔棒料   B. 带孔的铸件

    C. 带孔的锻件   D. 无缝钢管

32. 套筒零件主要表面为_____要求较高的内、外旋转表面。

    A. 垂直度   B. 平行度   C. 圆跳动   D. 同轴度

33. 对长套筒除了有圆度要求外，还应对孔的_____有要求。

    A. 直线度   B. 平行度   C. 圆跳动   D. 圆柱度

34. 较精密的套筒外圆与孔的几何公差控制在孔径公差以_____是不对的。

    A. 内 1/3   B. 内 1/2   C. 内 1/4   D. 内

35. 套筒零件形状公差_____。

    A. 一般应控制在孔径公差以内   B. 可以略大于孔径公差

    C. 一般应控制在孔径公差之外   D. 必须与孔径公差相当

36. 为保证精密套筒零件的使用要求，内孔表面粗糙度 Ra 值可达_____ μm。

    A. 2.5   B. 0.16   C. 0.04   D. 5

37. 套筒零件外圆表面常以过盈或过渡配合与箱体或机架工上的孔相配合起支承作用，其外径尺寸精度通常取_____。

    A. IT2 ~ IT3   B. IT6 ~ IT7   C. IT3 ~ IT4   D. IT8 ~ IT10

38. 套筒是在装配前进行最终加工，因而其同轴度要求较高，一般为_____。

    A. 0.01 ~ 0.05 mm   B. 0.05 ~ 0.1 mm

    C. 0.001 ~ 0.005 mm   D. 0.1 ~ 0.5 mm

39. 套筒端面在工作中承受轴向载荷时，端面与孔轴线有较高的_____。

A. 平行度   B. 轮廓度   C. 垂直度   D. 直线度

40. 套筒零件撑内孔进行加工，防止因为外圆用力装夹而带来的工件_____。

     A. 向内变形   B. 向外变形   C. 永久性变形   D. 尺寸变化

41. 以精加工好的内孔作为定位基准，这时用_____装夹工件，保证同轴度要求。

     A. 心轴   B. 顶尖   C. 卡盘   D. 花盘

42. 采用轴向夹紧工件的夹具，其夹紧力产生的_____变形极小。

     A. 轴向   B. 径向   C. 斜向   D. 任何方向

43. 小锥度心轴，锥度 C 一般等于_____。

     A. 1:1 000 ~ 1:5 000   B. 1:10 ~ 1:100

     C. 1:20   D. 1:5

44. 扩孔加工余量一般为孔径的_____左右。

     A. 一半   B. 1/4   C. 1/8   D. 1/2

45. 浮动铰刀的精铰余量为_____。

     A. 0.04 ~ 0.15 mm   B. 0.04 ~ 0.3 mm

     C. 0.1 ~ 0.3 mm   D. 0.5 ~ 1 mm

46. 铰孔时必须选用适当的冷却液来降低刀具和工件的温度，以防止产生_____扩大尺寸和划伤工件表面。

     A. 鳞刺   B. 积屑瘤   C. 卷屑   D. 干摩擦

47. 浮动铰刀块在刀杆_____孔内可以自由地滑动，消除了由于机床及刀具等误差引起的孔径尺寸误差。

     A. 长方形   B. 长三角形   C. 长圆形   D. 细长

48. 车深孔使用内冷却刀杆。切削时切削液从刀杆_____进入刀杆。

     A. 头部   B. 尾部   C. 中间   D. 下部

49. 液压缸的内孔不要求_____。

     A. 圆柱度   B. 直线度   C. 同轴度   D. 轮廓度

50. 简易珩磨头的_____可按实际加工时的情况确定，作用是防止珩磨轮在进给中脱落。

     A. 倾斜角度   B. 安装位置   C. 使用   D. 高低

51. 群钻主要特点是在主切削刃和后刀面上磨出月牙槽，形成_____。

     A. 凹圆弧刃   B. 凸圆弧刃   C. 前角   D. 后角

三、多项选择题（下列每题的多个选项中，至少有两个是正确的，请将其代号填写在横线空白处）

1. 软卡爪是_____。

A. 现场车制的
B. 装上就能用的

C. 标准的夹具
D. 未淬火的

E. 合金钢

2. 开缝套筒的优点是_____。

A. 夹紧力小
B. 与工件接触面大

C. 夹紧力均匀分布
D. 钢材制作的

E. 铸铁制作的

3. 轴向夹紧夹具制作的优点是_____。

A. 径向夹紧力小
B. 径向夹紧力大

C. 无径向夹紧力
D. 有轴向夹紧力

E. 径向变形小

4. 作为内孔定位基准的小锥度心轴，_____。

A. 制造容易
B. 定心精度高

C. 工件轴向无法定位
D. 承受切削力小

E. 尺寸不准

5. 对薄壁套筒施加均匀夹紧力时，可以采取办法有_____。

A. 四爪均匀夹紧
B. 采用开缝过渡套筒套在工件的外圆上

C. 工艺卡爪装夹
D. 三爪均匀夹紧

E. 减少背吃刀量

6. 对薄壁套筒施行"一夹一托"的方式时，架设中心架必须注意工件轴线与车床主轴回转轴线同轴，否则_____。

A. 工件被夹变形
B. 工件内孔产生锥度

C. 工件外圆表面夹伤
D. 工件转动时会产生扭动

E. 工件从卡盘上掉下来

7. 钻削时常常产生下列缺点_____。

A. 钻削时的轴向力大
B. 孔壁粗糙

C. 钻头特别容易折断
D. 孔径容易扩大

E. 钻头容易引偏

8. 为了改善钻削情况，工艺上常采用下列措施_____。

A. 两主切削刃磨得对称

B. 钻孔前将端面加工平整，便于钻头引正

C. 用钻模作导向装置

D. 采用较小的进给量

E. 工件高速转动

9. 深孔钻削时首先要解决_____问题。

A. 排屑   B. 导向

C. 冷却   D. 深孔观察

E. 钻杆振动

10. 加工深孔时，防止振动的措施有_____。

A. 孔内刀杆底部支承   B. 较大孔刀杆调整螺钉支承

C. 孔内台阶式组合刀杆车削   D. 两次钻削

E. 两头钻削

11. 群钻主要特点是_____。

A. 在主切削刃和后刀面上磨出月牙槽

B. 在主切削刃上形成凹圆弧刃

C. 主切削刃使用寿命低

D. 钻心强度不高

E. 把一条切削刃分成两段或三段

12. 轴承铜套的变形因素主要是_____等方面引起的。

A. 工件热变形   B. 工件残余应力变形

C. 工件装夹变形   D. 热处理因素

E. 铸造缺陷

13. 轴承铜套在机械加工中受切削热、环境温度、辐射热等影响将产生变形，容易产生_____不准的误差。

A. 尺寸精度   B. 形状精度

C. 位置精度   D. 表面粗糙度

E. 同轴度

14. 轴承铜套内的油槽加工一般选用_____方法制成。

A. 刨削   B. 车床拉削

C. 錾削   D. 锉削

E. 锯割

15. 深孔加工的关键技术是_____。

A. 刀具细长，刚性差，磨损快   B. 刀具在内部切削，无法观察

C. 深孔钻的几何形状和冷却   D. 排屑问题

E．工件的装夹问题

16．深孔加工时，导套支架安装于主轴箱与刀架床鞍之间，目的是_____。

A．特殊刀具支承　　　　　　　　B．普通刀具支承

C．作为特殊附件　　　　　　　　D．普通支承附件

E．作为辅助支承

17．深孔加工需使用_____。

A．机床尾座　　　　　　　　　　B．特殊刀具

C．常用刀具　　　　　　　　　　D．特殊附件

E．冷却液

18．珩磨常用于加工液压缸筒、_____外形不便旋转的大型工件以及细长孔等。

A．阀孔　　　　　　　　　　　　B．套孔

C．内槽　　　　　　　　　　　　D．端面

E．螺纹

19．珩磨一般能加工的孔径和长度尺寸是_____。

A．$\phi 1 \sim 100$ mm　　　　　　　B．$\phi 1 \sim 150$ mm

C．$\phi 2 \sim 1\,500$ mm　　　　　　D．$L2 \sim 100$ mm

E．$L20 \sim 2\,000$ mm

20．液压缸的材料可根据工作介质的_____大小来选择。

A．流量　　　　　　　　　　　　B．流速

C．压力　　　　　　　　　　　　D．工作缸尺寸

E．质量

21．液压缸材料热处理主要是调质处理，其_____都较好，具有良好的综合力学性能。

A．强度　　　　　　　　　　　　B．塑性

C．韧性　　　　　　　　　　　　D．硬度

E．刚度

22．液压缸体加工，保证工件同轴度公差时，对工艺系统有要求的为_____。

A．刀杆导向架　　　　　　　　　B．方刀架

C．主轴　　　　　　　　　　　　D．平行度

E．刀杆

23．孔加工方法的选择比较复杂，需要考虑零件_____等因素。

A．结构　　　　　　　　　　　　B．孔径大小

C．长径比　　　　　　　　　　　D．尺寸精度

  E. 表面质量

24. 薄壁套筒类零件常采用的粗加工与半精加工的加工方法有_____。

  A. 钻孔
  B. 拉孔
  C. 扩孔
  D. 镗孔
  E. 磨孔

25. 薄壁套筒类零件常采用的精加工方法有_____。

  A. 钻孔
  B. 拉孔
  C. 研磨孔
  D. 镗孔
  E. 磨孔

26. 麻花钻钻削时常常产生下列缺点_____。

  A. 孔的精加工
  B. 钻头容易引偏
  C. 孔径容易扩大
  D. 孔壁粗糙
  E. 扩孔加工

27. 深孔加工时，刀杆受内孔直径限制，一般细而长，刚度差，车削时刀具容易产生_____现象。

  A. 振动
  B. 波纹
  C. 锥度
  D. 让刀
  E. 弯曲

28. 群钻与麻花钻相比有几大优点_____。

  A. 钻削轻快省力
  B. 可选用较大进给量
  C. 耐用度高
  D. 定心作用好
  E. 孔直线度高

29. 群钻主要特点是在主切削刃和后刀面上磨出月牙槽，形成_____。

  A. 凹圆弧刃
  B. 凸圆弧刃
  C. 前角
  D. 后角
  E. 切削刃分成两段或三段

参考答案及说明

一、判断题

1. √

2. ×。即使车削加工的表面也可直接进行轮式珩磨。

3. ×。深孔加工刀具的刀杆应有辅助支承，防止或减小振动和让刀。

4. √ 5. √ 6. √ 7. √

8. ×。用钻模作导向装置时，可减小钻孔开始时的引偏，特别是在斜面或曲面上的孔。

9. ×。铰孔时，表面粗糙度值不受偏离轴线影响。

10. ×。车深孔时，减小切削速度可以减轻刀杆产生振动和让刀现象。

二、单项选择题

1. A 　2. D 　3. B 　4. D 　5. C 　6. D 　7. C 　8. A 　9. A 　10. D

11. B 　12. A 　13. B 　14. B 　15. B 　16. C 　17. A 　18. A 　19. A 　20. D

21. A 　22. A 　23. A 　24. B 　25. B 　26. C 　27. D 　28. A 　29. B 　30. C

31. A 　32. D 　33. D 　34. D 　35. A 　36. C 　37. B 　38. A 　39. C 　40. A

41. A 　42. B 　43. A 　44. C 　45. A 　46. B 　47. A 　48. B 　49. D 　50. A

51. A

三、多项选择题

1. AD 　　2. BCE 　　3. CDE 　　4. ABCD 　　5. BC 　　6. CDE

7. ABDE 　8. ABCD 　9. ABC 　　10. ABC 　　11. ABE

12. ABCE 　13. AB 　　14. BC 　　15. CD 　　16. ACE

17. BDE 　18. AB 　　19. CE 　　20. CD 　　21. ABCE

22. ACE 　23. ABCDE 　24. ABCD 　25. BCE 　　26. BCD

27. ABDE 　28. ABBCD 　29. AE

第2章 螺纹及蜗杆加工

考 核 要 点

理论知识考核范围		考核要点	重要程度
长丝杠加工	丝杠工艺与检测	1. 梯形螺纹丝杠工件识图	★★★
		2. 长丝杠概念	★
		3. 长丝杠加工工艺分析	★★★
		4. 精车刀几何参数和切削用量选择	★★
		5. 细长轴精度检验	★
	长丝杠车削	1. 丝杠识图	★★★
		2. 车削长丝杆切削用量的选择	★★★
		3. 车削长丝杠产生质量瑕疵的预防措施	★★★
多线螺纹及蜗杆加工	多线螺纹及蜗杆加工	1. 单拐左旋多线蜗杆轴工件识图	★★★
		2. 车削三线以上螺纹的工艺知识	★★
		3. 对多线蜗杆牙形不同直径尺寸处的不同导程角计算	★★★
		4. 多头蜗杆的车削	★★
		5. 刃磨和装夹车削多线螺纹及多线蜗杆车刀	★
		6. 工件工艺分析及计算	★
	多线螺纹分线精度及三针测量	1. 多线梯形螺纹、多线蜗杆工件识图	★★
		2. 分线方法	★
		3. 三针测量多线螺纹的方法及计算	★★
		4. 三线以上内螺纹车削时的不利因素及解决方法	★★
		5. 加工工艺分析	★★

注："重要程度"中"★"为级别最低，"★★★"为级别最高。

重点复习提示

一、梯形螺纹丝杠工件识图

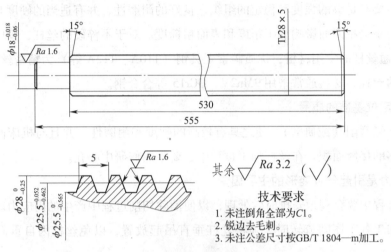

梯形螺纹丝杠

梯形螺纹丝杠，全长 555 mm，丝杠左端轴头 $\phi18^{-0.018}_{-0.06}$ mm，长 25 mm，右端 Tr28×5 梯形螺纹丝杠，长 530 mm，属于长丝杠加工，要按照长丝杠加工的工艺特性进行工艺分析，进行定位基准的选择，考虑长丝杠弯曲、伸长变形的特性，考虑螺纹加工方法和加工误差。

二、长丝杠概念

1. 丝杠的分类

丝杠分为滑动丝杠、滚动丝杠和静压丝杠三类，其中滑动丝杠使用较多。

2. 长丝杠加工的工艺特性

（1）提高机床精度，减少机床产生的误差。通常选用精度较高、磨损较小的机床，还要对机床部位进行调整，提高机床的精度。

（2）根据工件的材料正确选用刀具。根据工件的材料选用刀具时还要考虑刀具形成螺纹升角时，刀具对车削的影响及刀具的强度。

（3）合理选择车削方法及切削用量。对工件充分冷却润滑，以减少工件变形带来的影响。

三、长丝杠加工工艺分析

车床丝杆是一种长径比较大的柔性工件，且精度要求很高，在外力和内应力作用下很容易引起变形，因此加工时应当注意变形量。

1. 保证丝杠材料符合要求

丝杠材料要有足够的强度和稳定的组织、良好的耐磨性，并有适当的硬度与韧度，以保证切削过程中不会粘刀而影响加工精度和表面粗糙度。对于不淬硬的丝杠，其中经调质处理的45钢为普通丝杠的常用材料；优质碳素工具钢（T10A、T12A等）为精密丝杠常用材料。对需要淬硬的丝杠，材料通常采用9Mn2V、GCr15等合金钢。

2. 保证定位基准的质量

中心孔需经磨削（或研磨），使之具有较高的硬度和耐磨性，并且与机床回转顶尖配合良好，有足够的接触面积。在丝杠加工过程中，要不断修研中心孔。

3. 内应力是引起丝杠变形的主要因素

在加工过程中要合理地安排时效处理，以便消除切削过程中产生的内应力。另外，在热处理及机械加工各工序间流转时，须将丝杠垂直吊起放置，以免丝杠因自重而产生弯曲变形。

4. 改进丝杠装夹方法

改进丝杠装夹方法为尾部弹簧顶尖装夹时，能使丝杠受热后向尾部自由伸长，以及尾部无顶尖装夹时，能使丝杠受热后向尾部自由伸长。

丝杠受热伸长后，会产生螺距累积误差，可以采用补偿办法来解决。

5. 精车螺纹的螺距误差分析

螺距误差直接影响到精密丝杠传递运动的精度，是加工中应重点注意的关键问题。影响螺距累积误差的因素一般有以下几种。

（1）工件和机床丝杠的温差。

（2）床身导轨在水平面内不平行。

（3）机床床身扭曲使导轨在垂直平面倾斜。

6. 减少螺距误差措施

为了减小螺距的累积误差，精车时应在恒温室内进行，尽量保持工件和丝杠的温差小于 ΔT（即切削区与周围环境温度之差）。

7. 丝杠的研磨

研磨是提高精密丝杠螺距精度的方法。研磨对减少丝杠单个螺距误差、周期误差和短距离的螺距累积误差有较好的效果。

螺纹研磨时，在研具与丝杠的螺旋面间注有研磨剂。由于相对螺旋运动，研磨剂中的磨粒产生搓动与挤压，因此一部分磨粒就会嵌入研具螺旋的表面，在摩擦力和挤压力的作用下，它能产生微小的切削作用，从而减小丝杠螺旋面上的各种误差。

四、精车刀几何参数和切削用量选择

（1）要求刀具硬度高，耐磨性好。由于车削长丝杠，若刀具耐磨性差必然影响螺纹精度，故采用细颗粒的 YG6 或 YG6X 硬质合金为螺纹精车刀具。

（2）要求刀具刃口锋利，精车螺纹，切削负荷集中在刀尖刃口附件。如刀具刃口不锋利，不仅会加剧刀具的磨损，而且还会增加切削热，使工件变形。

（3）要求刀具表面粗糙度值小。刀具表面粗糙度值大会使刃口不平直，直接影响加工表面的表面粗糙度；另一方面刀具本身也容易磨损。因而，精车刀前、后刀面的表面粗糙度值一般要求接近镜面状态。

（4）切削用量选择。在加工丝杠时，如果切削速度过高或背吃刀量过大，会使刀具的负荷大，刀具磨损加快。还会增大螺距的累积误差，使切削热也增大。

五、细长轴精度检验

（1）细长轴弯曲不得冷校直（因工件锻造过程中产生的内应力，经校直后，如不经热处理去除应力，车削后仍会恢复原来状态）。

（2）全部外圆径向圆跳动量不大于 0.04 mm。

（3）丝杠的精度等级不同，检验方法也不同。丝杠精度指标是螺旋线误差和螺距误差。生产加工中，对低级精度丝杠，检验螺距用专用样板；对中等级精密丝杠，用丝杠螺距测量仪检验；对高级精度丝杠螺距，用 JCO – 30 丝杠检查仪检验。

丝杠检查仪是用来检验丝杠螺距误差的一种检测仪器，可以测量丝杠螺距误差、检查相邻螺距误差的最大值、丝杠一定长度内及全长的螺距最大累积误差。

六、丝杠识图

对长丝杠进行车削加工。

长丝杠两端为要求较严格的光轴头，中间为丝杠部分，整个工件要求一定的直线度。

七、车削长丝杆切削用量的选择

1. 根据不同的加工步骤选择不同的切削用量

粗车时为了尽快地把工件上多余的部分切除，可选择较大的切削用量；精车时为了保证螺纹的精度和表面粗糙度，必须选择较小的切削用量。

车削外螺纹时，刀杆短而粗，刚性好，强度大，可选择较大的切削用量；车削内螺纹时，刀杆伸入工件孔内，刚性及强度较差，应选择较小的切削用量。

车削细长螺纹时，工件刚性差，强度小，必须选择较小的切削用量；车削较短的螺纹时，则可选择较大的切削用量。

车削螺距小的螺纹时，车刀每转过一转，在工件上的相对行程小，可选择较大的切削用量；车削螺距大的螺纹时，车刀每转过一转，在工件上的相对行程大，必须选择较小的切削用量。

高速车削螺纹时，可选择较大的切削用量，一般中、低速车削时，切削用量只能相应选得小些。

2. 切削用量不宜过高

脆性材料（如铸铁）所含杂质、气孔较多，对车刀切削很不利。

车削塑性材料（如钢等）螺纹工件时，则可相应选择较大的背吃刀量，但必须防止产生"扎刀"现象。

3. 根据不同的切削方法选择不同的切削用量

采用直进切削法时，车削横截面较大，车刀受力和受热情况较严重，必须选择较小的切削用量（高速车削螺纹除外），采用左右切削法时，车削横截面相应较小，车刀受力和受热情况得到改善，则可选择较大的切削用量。

八、车削长丝杠产生质量瑕疵的预防措施

车床主轴与刀具之间必须保持严格的运动关系，即主轴每转一转（即工件转一转），刀具应均匀地移动一个（工件的）导程的距离。在实际车削螺纹时，由于各种原因，造成由主轴到刀具之间的运动，在某一环节出现问题，尤其车削长丝杠时产生故障，影响正常生产，这时应及时加以解决。如啃刀时，原因是车刀安装得过高或过低，工件装夹不牢或车刀磨损过大；如乱扣时，是用开合螺母控制，当丝杠转一转时，工件未转过整数转而造成的；如螺距不正确时，是由于车床丝杠本身的螺距局部误差（一般由磨损引起）造成的，可更换丝杠或局部修复；如出现竹节纹时，是由于主轴到丝杠之间的齿轮传动有周期性误差引起的；如中径不正确时，是由于吃刀太大，刻度盘不准，而又未及时测量所造成；如螺纹表面

粗糙时，原因是车刀刃口磨得不光洁、切削液不适当、切削速度和工件材料不适合以及切削过程产生振动等造成。

九、单拐左旋多线蜗杆轴工件识图

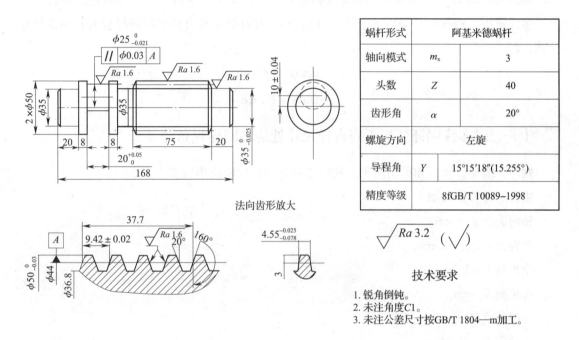

蜗杆形式	阿基米德蜗杆	
轴向模式	m_x	3
头数	Z	40
齿形角	α	20°
螺旋方向	左旋	
导程角	Y	15°15′18″(15.255°)
精度等级	8fGB/T 10089-1998	

$\sqrt{Ra\ 3.2}\quad (\sqrt{})$

技术要求

1. 锐角倒钝。
2. 未注角度C1。
3. 未注公差尺寸按GB/T 1804—m加工。

单拐左旋多线蜗杆轴

单拐左旋多线蜗杆轴，对其进行加工和检测。

（1）工件左端有 ϕ35 mm、长 20 mm 的台阶轴。

（2）中间偏心轴 $\phi25_{-0.021}^{0}$ mm，长 $20_{0}^{+0.05}$ mm，偏心（10±0.04）mm。

（3）右端蜗杆为左旋，数据为模数3、线数4、齿厚 $4.55_{-0.078}^{-0.025}$ mm。

十、车削三线以上螺纹的工艺知识

螺纹和蜗杆有单线（单头）和多线（多头）之分。沿一条螺旋线所形成的称为单线螺纹（蜗杆），沿两条或两条以上、在轴向等距分布的螺旋线所形成的称为多线螺纹（蜗杆）。

多线螺纹的导程（P_z）是指在同一螺旋线上相邻两牙在中径线上对应两点之间的轴向距离。导程等于线数乘以螺距。

多线蜗杆的导程（P_z）是指在同一螺旋线上的相邻两齿在分度圆直径线上对应两点之间的轴向距离。导程等于周节乘以线数。

$$P_z = \pi m_x Z$$

多线螺纹在螺纹代号中的表示方法如下：

$$普通螺纹\ M48 \times 3/2$$

其导程与线数用斜线分开，左边表示导程，右边表示线数。

梯形螺纹用 Tr 及公称直径×导程（螺距）表示，如 Tr40×14（P7），不标注线数。

多线螺纹（蜗杆）的导程大于螺距（周节），在计算螺纹升角及蜗杆导程时必须按导程计算，即：

$$\tan \psi = np/\pi d_2$$

$$\tan \gamma = P_z/\pi d_1$$

十一、对多线蜗杆牙形不同直径尺寸处的不同导程角计算

蜗杆、蜗轮分米制和英制两种。我国米制蜗杆和蜗轮应用较多。

主要的计算公式如下：

轴向齿距 $p_x = \pi m_x$

导程 $p_z = z_1 p_x = z_1 \pi m_x$

全齿高 $h = 2.2 m_x$

齿顶高 $h_{a1} = m_x$

分度圆直径 $d_1 = d_{a1} - 2m_x$

齿顶宽 $S_a = 0.843 m_x$

齿根槽宽 $W = 0.697 m_x$

导程角 $\tan\gamma = p_z/\pi d_1 = m_x z_1/d_1$

法向齿厚 $s_n = (p_x/2)\cos\gamma$

十二、多头蜗杆的车削

1. 合理选择车削方法

多头蜗杆因导程大，一般采用低速切削，车削应分为粗车和精车两个阶段进行。粗车齿形时，应选择合适的切削方法和进刀方法。

粗车时为防止三个切削刃同时参加切削而造成扎刀现象，一般可采用左右切削法，当粗车模数 $m_x > 3$ mm 的多头蜗杆时，可先用小于蜗杆齿根槽宽的车槽刀，将蜗杆车到齿根圆直径；粗车模数 $m_x > 5$ mm 的多头蜗杆时，可采用分层切削方法，以减少车刀的切削面积，使切削顺利进行。

精车蜗杆齿形时，应使用带卷屑槽的精车刀用左右切削法将齿面车削成形。

2．多头蜗杆的车削步骤

车多头蜗杆时，不能把一条螺旋槽全部车好后，再车另一条螺旋槽。为保证蜗杆加工质量，车削时可按下列步骤进行。

（1）粗车第一条螺旋槽后，应记住中滑板和小滑板的刻度值。

（2）根据蜗杆齿形精度，进行分线，粗车第二、第三条螺旋槽。若用圆周分头法时，中、小滑板刻度应跟车削第一条螺旋槽时相同；如果用轴向分头法，中滑板刻度与第一条螺旋槽相同，小滑板精确移动一个齿距。

3．多头蜗杆分头不均性的修正

以双线蜗杆的分线，分析分线不均匀性的修正步骤。

十三、刃磨和装夹车削多线螺纹及多线蜗杆车刀

车削蜗杆的刀头分粗车和精车刀头，是用普通高速钢刃磨制成。刃磨正旋粗车刀，牙形基本尺寸确定方法如下。

粗车刀刀尖宽度应比蜗杆槽底宽度小 1 mm 以上，刃磨时要考虑到精车余量和左右车削余量，半精车时蜗杆车刀的刀尖比蜗杆槽底宽度 W 小 0.5 mm 左右。刀尖圆弧是将刀尖宽度磨到尺寸后再用砂轮将整个刀尖修磨成圆弧形刀刃，这样可以提高粗车刀的耐用度。

精车阿基米德蜗杆是成形车削，车刀刀刃的形状与蜗杆齿形完全一致，因此精车刀的尺寸和齿形角按照蜗杆的轴向齿形刃磨。安装时保证两侧切削刃在工件回转中心上，这样能保证蜗杆齿形精度。刃磨时，两刃必须平直，刃口锋利，前、后刀面粗糙度应在 $Ra0.4$ 以下，因此必须仔细研磨。

十四、工件工艺分析及计算

1．车削工艺

（1）工件采用一夹一顶装夹方法，先车削左端 $\phi35$ mm 台阶至尺寸 $\phi37$ mm、长 20 mm 及台阶 $\phi50$ mm、长 36 mm 车至尺寸，然后装夹 $\phi37$ mm 台阶靠在 $\phi50$ mm 台阶端面，接触靠紧，车削蜗杆。

（2）车削蜗杆。车削蜗杆前需在外圆表面划出螺旋线并用卡尺测量齿距。

（3）装夹蜗杆外圆车削左端轴头。

（4）装夹蜗杆外圆，找正偏心距和平行度，车削偏心轴。

2．计算单拐左旋多线蜗杆轴蜗杆各部尺寸

单拐左旋多线蜗杆轴蜗杆的计算值，见表1—1。

表 1—1 单拐左旋多线蜗杆轴蜗杆计算值

序号	名称	计算式
1	轴向齿距	$p_x = \pi m_x = 3.14 \times 3 = 9.42 \text{ mm}$
2	导程	$p_z = z_1 p_x = 4 \times 9.42 = 37.68 \text{ mm}$
3	全齿高	$h = 2.2 m_x = 2.2 \times 3 = 6.6 \text{ mm}$
4	齿顶高	$h_{a1} = m_x = 3 \text{ mm}$
5	齿根高	$h_{f1} = 1.2 m_x = 1.2 \times 3 = 3.6 \text{ mm}$
6	分度圆直径	$d_1 = d_{a1} - 2 m_x = 50 - 2 \times 3 = 44 \text{ mm}$
7	齿顶圆直径	$d_{a1} = d_1 + 2 m_x = 44 + 2 \times 3 = 50 \text{ mm}$
8	齿根圆直径	$d_{f1} = d_1 - 2.4 m_x = 44 - 2.4 \times 3 = 36.8 \text{ mm}$
9	齿顶宽	$S_a = 0.843 m_x = 0.843 \times 3 = 2.529 \text{ mm}$
10	齿根槽宽	$W = 0.697 m_x = 0.693 \times 3 = 2.079 \text{ mm}$
11	导程角	$\tan \gamma = p_z / \pi d_1 = 37.68/3.14 \times 44 = 37.68/138.16 = 15.255° \ (15°15'18'')$
12	轴向齿厚	$s_x = p_x/2 = 9.42/2 = 4.71 \text{ mm}$
13	法向齿厚	$s_n = (p_x/2) \cos \gamma = 3.14 \times 3/2 \times \cos \gamma = 4.55 \text{ mm}$

十五、三线梯形螺纹、双线蜗杆工件识图

1. 锥头三线梯形螺纹识读

锥头工件右端为锥头样，中间为三线梯形螺纹，表面粗糙度 $Ra \leqslant 1.6 \mu m$。右端圆锥有圆锥角度要求。

2. 双线蜗杆识读

蜗杆工件中间为双线蜗杆，齿形两侧表面粗糙度 $Ra \leqslant 1.6 \mu m$。

十六、分线方法

多线螺纹（蜗杆）的各螺旋线沿轴向是等距分布的，各螺旋线的起始点，在圆周上相距的角度是相同的。在车削过程中，解决螺旋线的等距分布问题叫做分线（俗称"分头"）。如果等距误差过大，会影响内、外螺纹的配合精度和蜗杆与蜗轮的啮合精度，降低使用寿命。

根据多线螺纹（蜗杆）各螺旋线在轴向和圆周方向等距分布的特点，分线方法有轴向分线和圆周分线两类。

1. 轴向分线法

轴向分线是在车好一条螺旋槽之后，把车刀沿螺纹（蜗杆）轴线方向移动一个螺距（周节），再车第二条槽。

（1）小滑板刻度分线法

利用小滑板刻度分线比较简便，不需其他辅助工具，但等距精度不高。

（2）用百分表和量块分线法

在对等距精度要求较高的螺纹和蜗杆分线时，可利用百分表和量块控制小滑板的移动距离。

用这种方法分线的精度较高，但由于车削时振动，容易使百分表走动，在使用时应经常找正零位。

2. 圆周分线法

圆周分线是根据螺旋线在圆周上等距分布的特点，即当车好第一条螺旋槽之后，脱开工件与丝杠之间的传动链，并把工件转过一个 θ 角度（$\theta = 360°/n$），再连接工件与丝杠之间的传动链，车削另一条螺旋槽，这样依次分线，就完成了分线工作。

圆周分线法的具体控制方法有以下几种。

（1）交换齿轮分线法

车螺纹和蜗杆时，在一般情况下，交换齿轮 Z_1 的转速与主轴转速相等，Z_1 转过的角度等于工件转过的角度，所以，当 Z_1 的齿数是螺纹或蜗杆线数的整数倍时，就可以应用交换齿轮分线法。

用这种方法分线的优点是分线精度较高，但所车的螺纹或蜗杆线数受 Z_1 齿数的限制，操作也较麻烦，所以在成批生产时很少采用。

（2）用卡盘爪分线法

当工件在两顶尖之间装夹时，如用卡盘代替拨盘，就可利用卡爪对 2、3、4 线的螺纹或蜗杆进行分线。分线时，只需把后顶尖松开，把工件连同鸡心夹头转动一个角度，由卡盘上的另一卡爪拨动，再顶好后顶尖，就可车另一螺旋槽了。

这种分线方法较简便，但精度不高。

（3）分度盘分线法

将分度盘装在车床主轴上，转盘 4 上有等分精度很高的定位插孔 2（一般设计成 12 孔或 24 孔），它可以对 2、3、4、6、8 及 12 线的螺纹或蜗杆进行分线。

分度盘分线法的分线精度高，操作简便，是一种较理想的分线方法。

十七、三针测量多线螺纹的方法及计算

三针测量法是一种比较精密的测量方法，适用于测量精度较高、螺纹升角小于 4° 的三角形螺纹、梯形螺纹和蜗杆的中径尺寸。测量时把三根直径尺寸相同的量针在一定范围内放在螺旋槽中，再用千分尺量出两面量针之间的距离 M 的尺寸，然后根据 M 值换算出螺纹中

径的实际尺寸。

三针在测量时量针的直径（d_D），不能太大，否则三针与螺纹牙侧不能相切，无法测量中径的实际尺寸；也不能太小，不然三针在牙槽中的顶点低于螺纹牙顶，无法测量。最佳三针直径是量针横截面在螺纹中径处与牙侧相切时的量针直径。选用时应尽量接近最佳值以提高测量精度。

十八、三线以上内螺纹车削时的不利因素及解决方法

车削内螺纹的常见疵病有：在车削内螺纹时，螺纹深度已车到尺寸，使用螺纹塞规或对配合螺纹检查时，拧不进去；有时虽则拧进去，但多拧几次则配合过松，或一端正好拧进，另一端却拧不进；有时仅在螺纹进口处拧进几牙。

产生这些疵病的原因大致有以下几个方面。

（1）车刀的两侧刃不直，使车出的螺纹牙形两侧面也相应不直。

（2）车刀的顶宽太窄，内螺纹的中径处牙槽宽未达到要求尺寸。牙槽宽尚未达到要求尺寸，则可在原有的吃刀深度处，移动小滑板进行单面车削（一般是将小拖板向床尾方向移动），直到外螺纹拧进为止。当加工量较大时，必须重新刃磨车刀，使车刀顶宽符合要求，再进行车削。

（3）车刀前角过大，以及装刀偏高或偏低等影响，会使螺纹的牙形角产生较大误差，降低了螺纹精度。或是由于装刀歪斜，产生了较大的螺纹半角误差，使螺纹牙形相应歪斜，即出现了俗称的"睏牙"现象。因此在检查时会出现一端正好拧进，另一端拧不进或配合过松的现象。

（4）内螺纹底径车得太小。

（5）内螺纹车刀的刀杆，因为受到孔径大小和长短的限制，刚性较差，在车削时产生少量的弯曲变形，出现了俗称的"让刀"现象，使内螺纹产生形位误差，因此检查时，只能在进口处拧进几牙。对于因"让刀"现象所产生的螺纹锥形误差，采用"溜刀"的方法，也就是使车刀在原来吃刀深度的位置，反复车削，逐步消除锥形误差。

十九、加工工艺分析

在加工螺纹时先在外圆表面用刀尖刻划分线，划出的牙宽线应比实际宽度大 0.2 ~ 0.3 mm，再进行车削。

理论知识辅导练习题

一、判断题（下列判断正确的请在括号内打"√"，错误的请在括号内打"×"）

1. 精车时为了保证螺纹的精度和粗糙度，必须选择较大的切削用量。　　　　（　　）

2. 车削内螺纹时，刀杆伸入工件孔内，刚性及强度较差，应选择较小的切削用量。
　　　　　　　　　　　　　　　　　　　　　　　　　　　　　　　（　　）

3. 车削螺距大的螺纹时，车刀每转过一转，在工件上的相对行程大，必须选择较大的切削用量。　　　　　　　　　　　　　　　　　　　　　　　　（　　）

4. 多线螺纹分线时产生的误差，会使多线螺纹的螺距不等，严重的影响螺纹的配合精度，降低使用寿命。　　　　　　　　　　　　　　　　　　　　　　（　　）

5. 因受导程角的影响，在车轴向直廓蜗杆时，车刀在走刀方向的后角应加上导程角，背走刀方向的后角应减去导程角。　　　　　　　　　　　　　　　　（　　）

6. 当蜗杆的模数和分度圆直径相同时，三头蜗杆比四头蜗杆的导程角大。（　　）

7. 轴向直廓蜗杆的齿形是阿基米德螺旋线。　　　　　　　　　　　　（　　）

8. 使用小滑板分线车削多线螺纹时，比较方便且螺距精度较高。　　（　　）

9. 丝杠受热伸长后，不会产生螺距累积误差。　　　　　　　　　　　（　　）

10. 车削丝杠时，中心孔需经磨削（或研磨）。　　　　　　　　　　（　　）

11. 多线螺纹的导程（P_z）是指在同一螺旋线上相邻两牙在中径线上对应两点之间的轴向距离。　　　　　　　　　　　　　　　　　　　　　　　　　（　　）

12. 螺纹牙形在检查时会出现一端正好拧进，另一端拧不进或配合过松的现象，是由于让刀造成的。　　　　　　　　　　　　　　　　　　　　　　　（　　）

二、单项选择题（下列每题有 4 个选项，其中只有 1 个是正确的，请将其代号填写在横线空白处）

1. 优质碳素工具钢为_____常用材料。

　　A. 普通丝杠　　　　　B. 精密丝杠　　　　C. 淬硬丝杠　　　　D. 不淬硬丝杠

2. 丝杠垂直吊起放置是为了_____。

　　A. 省地方　　　　　　　　　　　　B. 流净冷却液

　　C. 防止丝杠因自重而产生弯曲变形　　D. 怕受地面其他东西磕碰

3. 对低级精度丝杠，检验螺距用_____。

　　A. 游标卡尺　　　　　　　　　　　B. JCO—30 丝杠检查仪

　　C. 丝杠螺距测量仪　　　　　　　　D. 专用样板

4. 车削螺纹表面啃刀，是由于_____造成的。

    A. 车刀安装得过高或过低，车刀磨损过大   B. 车刀刃口磨得不光洁

    C. 车床丝杠本身的螺距局部误差   D. 吃刀大了

5. 车削螺纹螺距不正确，是由于_____造成的。

    A. 车刀安装得过高或过低   B. 车刀刃口磨得不光洁

    C. 车床丝杠本身的螺距局部误差   D. 吃刀太大

6. 车削螺纹表面粗糙，是由于_____造成的。

    A. 车刀安装得过高或过低   B. 车刀刃口磨得不光洁

    C. 车床丝杠本身的螺距局部误差   D. 吃刀太大

7. 车削螺纹中径不正确，是由于_____造成的。

    A. 车刀安装得过高或过低   B. 车刀刃口磨得不光洁

    C. 车床丝杠本身的螺距局部误差   D. 吃刀太大，刻度盘不准

8. 蜗杆的齿顶高为_____个轴向模数。

    A. 1   B. 1.5   C. 2   D. 2.2

9. 蜗杆的齿根高为_____个轴向模数。

    A. 1   B. 1.2   C. 2   D. 2.2

10. 蜗杆车削时，从齿顶到齿根深度为_____个轴向模数。

    A. 1   B. 1.2   C. 2.2   D. 4.4

11. 精车蜗杆齿形时，应使用带卷屑槽的精车刀用_____将齿面车削成形。

    A. 直进法   B. 斜进法   C. 左右切削法   D. 分层切削法

12. 蜗杆粗车刀的刀头宽度比蜗杆槽底宽度小_____mm。

    A. 0.5   B. 1   C. 2   D. 5

13. 车削蜗杆分线精度较高且操作简便的是_____。

    A. 小滑板刻度分线法   B. 交换齿轮分线法

    C. 卡盘爪分线法   D. 分度盘分线法

14. 最佳三针直径_____。

    A. 任意取值

    B. 三针与螺纹牙侧不能相切

    C. 三针在牙槽中的顶点低于螺纹牙顶

    D. 量针横截面和螺纹中径处与牙侧相切

15. 车出的螺纹牙形两侧面不直是由于_____。

    A. 车刀的两侧刃不直   B. 车刀的顶宽太窄

C．车刀前角过大　　　　　　　　　D．内螺纹底径车得太小

16．只能在螺纹进口处拧进几牙的现象是由于加工_____。

  A．车刀的两侧刃不直　　　　　　　B．车刀的顶宽太窄

  C．车刀前角过大　　　　　　　　　D．车刀刀杆刚度较差

17．精密丝杠的加工工艺中，要求锻造工件毛坯，目的是使材料晶粒细化、组织紧密、碳化物分布均匀，可提高材料的_____。

  A．塑性　　　　B．韧性　　　　C．强度　　　　D．刚度

18．螺纹车刀的刀尖圆弧太大，会使车出的三角形螺纹底径太宽，造成_____。

  A．螺纹环规通端旋进，止规旋不进　　B．螺纹环规通端旋不进，止规旋进

  C．螺纹环规通端和止规都旋进　　　　D．螺纹环规通端和止规都旋不进

19．粗加工蜗杆螺旋槽时，应使用_____作为切削液。

  A．乳化液　　　　B．矿物油　　　　C．动物油　　　　D．复合油

20．粗车多线蜗杆螺旋槽时，齿侧每边留_____的精车余量。

  A．0.4～0.5 mm　　B．0.1～0.2 mm　　C．0.2～0.3 mm　　D．0.3～0.4 mm

21．粗车多线蜗杆时，比较简便实用的圆周分线方法是使用_____分线。

  A．分线盘　　　　B．小滑板刻度　　　　C．卡盘爪　　　　D．百分表

22．车削多线蜗杆时，应按工件的_____选择挂轮。

  A．齿厚　　　　B．齿槽　　　　C．螺距　　　　D．导程

23．蜗杆的模数为5，齿顶高是_____mm。

  A．10　　　　B．15.7　　　　C．5　　　　D．11

24．粗车轴向直廓蜗杆时，为防止一侧切削刃前角过小，可以采用_____装刀法。

  A．垂直装刀法　　　　　　　　　　B．水平装刀法

  C．切向装刀法　　　　　　　　　　D．法向装刀法

25．使用三针测量蜗杆的法向齿厚，量针直径的计算式是_____。

  A．$d_D = 0.577P$　　　　　　　　B．$d_D = 0.518P$

  C．$d_D = 1.01m_x$　　　　　　　　D．$d_D = 1.672m_x$

26．车削螺纹时，车刀的径向前角太大，易产生_____现象。

  A．扎刀　　　　B．让刀　　　　C．打刀　　　　D．以上均对

27．测量蜗杆分度圆直径比较精确的方法是_____。

  A．单针测量法　　B．三针测量法　　C．齿厚测量法　　D．间接测量法

28．多线螺纹判断乱扣时应以_____进行判断。

  A．线数　　　　B．模数　　　　C．螺距　　　　D．导程

29. 车削丝杠螺纹时，必须考虑螺纹升角对车削的影响，车刀进刀方向的后角应取_____。

    A. $2°\sim3°$ B. $3°\sim5°$

    C. $(3°\sim5°)+\psi$ D. $(3°\sim5°)-\psi$

30. 跟刀架的支承爪与工件的接触应当_____。

    A. 非常松   B. 松紧适当

    C. 非常紧   D. A、B 和 C 答案都不对

31. 车削多头蜗杆第一条螺旋槽时，应验证_____是否正确。

    A. 螺距   B. 导程   C. 齿形   D. 齿形角

32. 采用轴向分线法车螺纹时，造成多线螺纹分线不准确的主要原因是_____。

    A. 机床精度不高   B. 工件刚性不足

    C. 小滑板移动距离不准确   D. 车刀磨损

33. 多头蜗杆因导程大、齿形深、切削面积大，车削时产生的切削力也大，因此车削多头蜗杆不得采用_____装夹。

    A. 三爪自定心卡盘   B. 四爪单动卡盘

    C. 两顶尖   D. 一夹一顶

34. 用齿轮卡尺测量蜗杆的法向齿厚时，应把齿高卡尺的读数调整到_____的尺寸。

    A. 齿全高   B. 齿根高   C. 齿顶高   D. 齿距

35. 精车大模数 ZA 蜗杆时，必须使车刀左右刀刃组成的平面处于水平状态，并与工件中心等高，以减少_____误差。

    A. 齿距   B. 导程   C. 齿形   D. 齿厚

36. 车削长丝杠时，一般_____不在工艺特性考虑范围。

    A. 选用精度较高、磨损较小的机床   B. 刀具的强度

    C. 工件变形   D. 工件变形量

37. 精密丝杠材料为_____。

    A. 45 钢   B. T10A   C. 9Mn2V   D. GCr15

38. 车削多线蜗杆时，用小滑板刻度分线，移动方向必须和机床床身导轨平行，否则会造成_____误差。

    A. 分线   B. 分度   C. 尺寸   D. 导程

39. 粗车削多线蜗杆时，应尽可能缩短工件长度，以提高工件的_____。

    A. 强度   B. 韧性   C. 刚度   D. 稳定性

40. 应用齿厚游标卡尺测量蜗杆的_____时，应把齿高卡尺的读数调整到齿顶高的尺寸。

    A. 齿根高   B. 全齿高   C. 法向齿厚   D. 轴向齿厚

41. 多线蜗杆的模数为4，线数为3，则导程为_____ mm。

    A. 12   B. 7   C. 9.42   D. 37.68

42. 改进丝杠装夹方法为_____。

    A. 尾部弹簧顶尖装夹   B. 尾部固定顶尖装夹

    C. 尾部活动顶尖装夹   D. 尾部不装夹

43. 为了减小螺距的累积误差，精车时应在_____进行。

    A. 常温   B. 低温   C. 恒温   D. 高温

44. 螺纹精车刀具要求表面粗糙度值小，精车刀前、后刀面的表面粗糙度值要求_____。

    A. $Ra0.4\ \mu m$ B. $Ra1.6\ \mu m$ C. $Ra3.2\ \mu m$ D. $Ra0.8\ \mu m$

45. 车削蜗杆前需在外圆表面_____并用卡尺测量齿距。

    A. 粗车   B. 划出螺旋线   C. 精车外圆   D. 高度尺划线

46. 利用_____比较简便，不需其他辅助工具，但等距精度不高。

    A. 小滑板刻度分线法   B. 百分表和量块分线法

    C. 交换齿轮分线法   D. 卡盘爪分线法

47. 在对等距精度要求较高的螺纹和蜗杆分线时，可利用_____控制小滑板的移动距离。

    A. 小滑板刻度分线法   B. 百分表和量块分线法

    C. 交换齿轮分线法   D. 卡盘爪分线法

48. _____分线精度较高，但所车的螺纹或蜗杆线数受 Z_1 齿数的限制，操作也较麻烦，所以在成批生产时很少采用。

    A. 小滑板刻度分线法   B. 用百分表和量块分线法

    C. 交换齿轮分线法   D. 用卡盘爪分线法

49. _____分线时，只需把后顶尖松开，把工件连同鸡心夹头转动一个角度，由卡盘上的另一卡爪拨动，再顶好后顶尖，就可车另一螺旋槽了。

    A. 小滑板刻度分线法   B. 用百分表和量块分线法

    C. 交换齿轮分线法   D. 用卡盘爪分线法

50. _____可以对2、3、4、6、8及12线的螺纹或蜗杆进行分线。

    A. 小滑板刻度分线法   B. 百分表和量块分线法

C. 交换齿轮分线法　　　　　　　D. 分度盘分线法

51. _____是一种比较精密的测量方法，适用于测量精度较高、螺纹升角小于 4°的三角形螺纹、梯形螺纹和蜗杆的中径尺寸。

A. 样板　　　　　B. 三测针量法　　　C. 齿厚卡尺　　　　D. 千分尺

52. 车刀_____过大，以及装刀偏高或偏低等影响，会使螺纹的牙形角产生较大误差，降低了螺纹精度。

A. 前角　　　　　B. 后角　　　　　C. 刀尖角　　　　　D. 主偏角

三、多项选择题（下列每题的多个选项中，至少有两个是正确的，请将其代号填写在括号处）

1. 加工长丝杠时，要_____。

A. 合理选择车削方法　　　　　　B. 加大进给量

C. 根据工件的材料正确选用刀具　　D. 对工件充分冷却润滑

E. 对机床部位进行调整，提高机床的精度

2. 丝杠材料要有_____。

A. 足够的强度　　　　　　　　　B. 稳定的组织

C. 良好的耐磨性　　　　　　　　D. 适当的硬度与韧性

E. 足够的塑性

3. 影响螺距累积误差的因素一般有_____。

A. 主轴的高温　　　　　　　　　B. 工件的温差

C. 机床丝杠的温差　　　　　　　D. 床身导轨在水平面内不平行

E. 机床床身扭曲使导轨在垂直平面倾斜

4. 精加工长丝杠选用刀具材料为_____。

A. YT15　　　　　　　　　　　　B. YW1

C. YG6　　　　　　　　　　　　D. YG6X

E. YG3

5. 螺纹一端拧进、另一端拧不进的现象是由于_____。

A. 车刀的两侧刃不直　　　　　　B. 车刀的顶宽太窄

C. 车刀前角过大　　　　　　　　D. 内螺纹底径车得太小

E. 装刀歪斜

6. 在加工长丝杠螺纹时，为了防止切削力过大而顶弯工件，必须采用_____分开进行的方法加工。

A. 粗车　　　　　　　　　　　　B. 高速

C.　低速 　　　　　　　　　　　　　　D.　精车

E.　晃车

7.　在加工长丝杠螺纹时，为了增加工艺系统的刚度，可使用＿＿＿＿＿＿＿＿装夹。

A.　两顶尖装夹 　　　　　　　　　　　B.　一夹一顶装夹

C.　中心架 　　　　　　　　　　　　　D.　跟刀架

E.　充分冷却

8.　精密丝杠的检测主要是＿＿＿＿＿＿＿＿。

A.　中径测量 　　　　　　　　　　　　B.　大径测量

C.　小径测量 　　　　　　　　　　　　D.　螺距测量

E.　牙形角度测量

9.　多头蜗杆，＿＿＿＿＿＿＿＿，切削面积大，车削时产生的切削力也很大。

A.　导程小 　　　　　　　　　　　　　B.　导程大

C.　齿形小 　　　　　　　　　　　　　D.　齿形深

E.　螺距宽

10.　大模数多头蜗杆的车削原则是＿＿＿＿＿＿＿＿。

A.　每头一次车成 　　　　　　　　　　B.　粗车

C.　半精车 　　　　　　　　　　　　　D.　多次循环分头

E.　依次逐面车削

11.　蜗杆精度测量的量具有＿＿＿＿＿＿＿＿。

A.　游标卡尺 　　　　　　　　　　　　B.　千分尺

C.　齿厚游标卡尺 　　　　　　　　　　D.　测量三针

E.　环规

12.　蜗杆的主要测量参数有＿＿＿＿＿＿＿＿等。

A.　齿距 　　　　　　　　　　　　　　B.　法向齿厚

C.　分度圆直径 　　　　　　　　　　　D.　小径

E.　齿顶圆直径

13.　车削外螺纹时，＿＿＿＿＿＿＿＿可选择较大的切削用量。

A.　刀杆短而粗 　　　　　　　　　　　B.　刀杆刚性好

C.　刀杆强度大 　　　　　　　　　　　D.　精车

E.　螺纹细长

14.　丝杠材料要有足够的＿＿＿＿＿＿＿＿。

A.　强度和稳定的组织 　　　　　　　　B.　良好的耐磨性

C. 适当的硬度与韧性　　　　　　D. 塑性

E. 切削性能

15. 影响螺距累积误差的因素一般有_____。

A. 工件的温差　　　　　　　　　B. 机床丝杠的温差

C. 床身导轨在水平面内不平行　　D. 冷却不充分

E. 机床床身扭曲

16. 车削多线外螺纹时，要求刀杆_____。

A. 短而粗　　　　　　　　　　　B. 刚度好

C. 强度大　　　　　　　　　　　D. 弹性好

E. 韧性好

17. 车削长丝杠时，采用直进切削法时的缺点是_____。

A. 车刀受力情况较严重　　　　　B. 车削横截面较大

C. 效率高　　　　　　　　　　　D. 车刀受热情况较严重

E. 速度快

18. 车削长丝杠时，采用左右切削法的优点是_____。

A. 车刀受力小　　　　　　　　　B. 车削横截面较小

C. 多次反复进给　　　　　　　　D. 车刀受热少

E. 较大的切削用量

19. 多头蜗杆粗车时，一般采用_____。

A. 左右切削法　　　　　　　　　B. 直进法

C. 阶梯槽法　　　　　　　　　　D. 分层切削法

E. 成形法

20. 精车阿基米德蜗杆车刀刀刃刃磨时，保证_____。

A. 两刃必须平直　　　　　　　　B. 刃口锋利

C. 前、后刀面粗糙度应在 $Ra0.4$ 以下　　D. 必须刃磨较大前角

E. 必须刃磨较大后角

21. 多线螺纹（蜗杆）的分线法有_____。

A. 小滑板刻度分线法　　　　　　B. 用百分表和量块分线法

C. 交换齿轮分线法　　　　　　　D. 用卡盘爪分线法

E. 分度盘分线法

22. 车削内螺纹时，螺纹塞规与之配合不佳，产生疵病的原因有以下方面_____。

A. 螺纹牙形两侧面不直

B. 未车削到尺寸

C. 装刀歪斜产生螺纹半角误差

D. 内螺纹车削让刀产生螺纹锥形误差

E. 温度高

参考答案及说明

一、判断题

1. ×。精车时为了保证螺纹的精度和粗糙度，必须选择较小的切削用量。

2. √

3. ×。车削螺距大的螺纹时，车刀每转过一转，在工件上的相对行程大，必须选择较小的切削用量。

4. √   5. √

6. ×。当蜗杆的模数和分度圆直径相同时，三头蜗杆比四头蜗杆的导程角小。

7. √

8. ×。使用小滑板分线车削多线螺纹时，方便但是螺距精度不高。

9. ×。丝杠受热伸长后，会产生螺距累积误差，可以采用补偿办法来解决。

10. √   11. √

12. ×。螺纹牙形相应歪斜，因此在检查时会出现一端正好拧进，另一端拧不进或配合过松的现象。

二、单项选择题

1. B   2. C   3. D   4. A   5. C   6. B   7. D   8. A   9. B   10. C

11. C   12. B   13. D   14. D   15. A   16. D   17. C   18. B   19. A   20. B

21. C   22. D   23. C   24. A   25. D   26. A   27. B   28. D   29. C   30. B

31. B   32. C   33. C   34. C   35. C   36. D   37. B   38. A   39. C   40. C

41. D   42. A   43. C   44. A   45. C   46. A   47. B   48. C   49. D   50. D

51. B   52. A

三、多项选择题

1. ACDE   2. ABCD   3. BCDE   4. CD   5. DE   6. AD   7. BCD

8. ADE   9. BD   10. DE   11. CD   12. ABCE   13. ABC   14. ABC

15. ABCE   16. ABC   17. ABD   18. ABDE   19. AD   20. ABC   21. ABCDE

22. ACD

第3章 偏心件及曲轴加工

考核要点

理论知识考核范围		考核要点	重要程度
双偏心零件的加工	双偏心套筒	1. 双偏心套筒识图	★★★
		2. 双偏心薄壁套的工艺过程	★
		3. 在三爪自定心卡盘上车偏心工件时垫片找正	★★★
		4. 四爪单动卡盘装夹找正双偏心零件	★★
	车削双偏心轴、套	1. 双偏心轴、孔识图	★★★
		2. 双偏心零件的车削方法	★★★
四拐曲轴加工		1. 四拐曲轴识图	★★★
		2. 装夹曲轴的方法	★★
		3. 曲轴加工方法	★★★
		4. 测量多拐曲轴	★★
缺圆块状零件的加工		1. 凸轮加工识图	★★
		2. 花盘的安装、检查和修正	★★★
		3. 缺圆块状零件上弓形公式计算	★★★
		4. 在花盘上加工缺圆块状零件的方法	★★
		5. 测量缺圆孔中心至角铁平面之间的尺寸	★
		6. 批量加工缺圆块状零件工件测量与夹具的安装	★

注："重要程度"中"★"为级别最低，"★★★"为级别最高。

重点复习提示

一、双偏心套简识图

偏心套在 180°方向有对称偏心孔，偏心圆中心线对外圆基准轴心线要求平行度公差，要求右端面对左端面有平行度公差。

二、双偏心薄壁套的工艺过程

1. 制定加工工艺

（1）采用四爪单动卡盘装夹工件

由于单件生产，采用四爪单动卡盘装夹工件进行加工。先全部粗车，再精车内、外圆，最后加工两偏心孔。

（2）热处理工序安排顺序

（3）偏心距测量方法

光靠划线和根据划线找正是很难保证偏心距的加工精度的，一定要用量具测量方法才能保证精度要求。在装夹找正时用量块垫在工件的一端，量块的尺寸等于两倍的偏心距。用百分表测量并调整。

（4）划线

为保证两偏心孔中心成 180°对称分布，在一偏心孔车好后，用量具测出外圆与孔的最薄点，在端面上过最薄点和中心划一直线，另一个对称孔必定在这条直线上，用角尺校正此直线，划出十字线。

2. 工件的定位与夹紧

当壁厚较薄时，为防止产生夹紧变形，可在孔内配合一圆柱样的闷头，塞入孔内，直到全部加工完成后再取出。

三、在三爪自定心卡盘上车偏心工件时垫片找正

较短的两偏心工件，或者内孔与外圆偏心的工件，可以在三爪自定心卡盘上进行车削加工，即首先把外圆车好，随后在三爪中任意一个爪脚与工件接触面之间，垫上一块预先算好厚度的垫块即可。

1. 垫块厚度公式计算

$$x = 1.5e + k$$

$$k = 1.5\Delta e \quad (\Delta e\text{——偏心距误差})$$

2. 垫块厚度公式计算偏差

三个爪脚的夹持面是一个圆弧面，三爪自定心卡盘车偏心加垫块时，实际上左右两爪与工件外圆的接触点，比原来圆弧面的接触点要偏上一些。

通常实际垫块厚度应稍大于上式计算结果 $1.5e$ 值，并考虑垫块变形的影响，所以在上述垫块厚度计算公式中应附加修正值 k，即 $x = 1.5e + k$。

3. 选用垫块时的注意事项

采用这种装夹方法车偏心工件时，应注意以下三点。

（1）选作垫块的材料，硬度应较高，以防止装夹时发生变形。垫块上与爪脚接触的一面应做成圆弧面，其圆弧等于或小于爪脚圆弧，如果做成平的，则中间将会产生间隙，造成偏心误差。

（2）装夹时必须注意，工件外圆轴线不能歪斜，否则将严重影响加工质量。

（3）对于精度要求较高的偏心工件，必须按上例所述方法，在首件加工时进行试车检验，按实测结果求得修正值 k，调整垫块厚度，然后才可正式车削。

不过总的来说，这种装夹方法一般仅适用于加工精度要求不很高的、偏心距在 10 mm 以内的短偏心工件。

四、四爪单动卡盘装夹找正双偏心零件

1. 十字线找正方法

找正十字线及侧母线时，首先应准备小平板放在大导轨上，将划线盘放在小平板上。然后进行以下步骤。

（1）根据工件大小放开卡爪，四个卡爪的位置可根据卡盘端面上各个同心圆弧线来初步确定。

（2）用划线盘的针尖对准侧母线，轴向移动划线盘，初步校正工件的水平位置。

（3）用划线盘的针尖对准工件端面的圆周线，转动卡盘，初步找正工件轴线同轴位置。

（4）用划线盘的针尖对准工件端面十字线的其中一条线，在线上挪动划线盘的针尖与线平齐，然后将工件转过180°，再在线上挪动划线盘的针尖与线平齐，如果不齐，就挪动工件靠近针尖1/2距离，然后使针尖与线平齐，然后再将工件转过180°，挪动划线盘的针尖与线平齐，若还不齐，再挪动工件靠近针尖1/2距离，然后使针尖与线平齐。如此反复找正工件这条线后，再找正十字线的另一条垂直线。然后再找正侧母线，如此反复找正，最后使工件轴线与主轴轴线重合。

2. 双偏心套田字框线的划线与找正

将工件置于方箱上的 V 形槽内夹紧，在方箱上划偏心田字框线。

根据孔的尺寸划孔的框线（田字线），划好后，将方箱翻转 90°，再在两端面划中心线，在外圆划侧母线，这时形成了端面的十字线、端面加工框线和外圆侧母线。圆孔的田字检测框线将孔的上下、左右定位，在找正和加工时具有较准确的参考价值。孔的田字检测框线可有助于中心十字线的找正，将划针指在框线上转动工件找正，比用圆线找正更准确。在加工中框线直接约束孔的位置，使孔的位置正确。划好线后，可以在十字线中心打样冲眼，用圆规划出圆孔线，圆孔线可作为加工时的参考。

五、双偏心轴、孔识图

加工同向双偏心轴和反向双偏心套。

1. 同向双偏心轴

基准轴为中间轴，两侧为同向偏心轴。

2. 反向双偏心套

基准轴为外圆直径尺寸，中间孔对基准轴有同轴度要求，两侧为反向偏心孔。

六、双偏心零件的车削方法

1. 两顶尖间车削偏心工件

这种方法是用两顶尖支承工件两端面上的偏心中心孔，工件的一部分车削成偏心轴。这种方法要求在两端面上的偏心中心孔准确，适用于较长的偏心轴。采用这种方法必须在工件的两个端面上根据偏心距 e 的要求分别钻出 4 个中心孔，随后顶尖顶住中心孔即可进行车削。

2. 结合使用四爪单动卡盘和三爪自定心卡盘车削偏心工件

当偏心工件数量较多时，工件校正要消耗很多时间，这时要改变工件的装夹方法。根据四爪单动卡盘和三爪自定心卡盘的特点结合使用，即在四爪单动卡盘上装夹三爪自定心卡盘，利用四爪单动卡盘调整偏心距，工件直接在三爪自定心卡盘上装夹进行加工。

加工时只要找正第一个工件以后不必再校正每个工件。可以节省大量的辅助时间。采用这种方法时要求四爪单动卡盘和三爪自定心卡盘要有较高的精度，特别是三爪自定心卡盘。这种方法只适用于车削形状较小、工件较短且偏心距不大，而且精度要求不高的偏心工件。如果工件偏心距较大，四爪单动卡盘作用在三爪自定心卡盘外圆上的夹紧力分布不均，夹紧力会降低，而且受到较大的离心力的影响，使装夹不可靠。

3. 花盘车削偏心工件

小批量的偏心工件车削内孔可以在花盘上进行。采用这种方法车削时，首先把偏心工件的外圆车好（保证在一定的公差范围内），随后将工件装夹在花盘上。预先校正以偏心为圆心所划的圆周线，将两块压板压牢，在工件外圆上离孔较远的地方安装定位块，定位块成90°直角分布。采用这种方法不需要制作专用夹具，而且加工精度较高，装夹也牢固可靠。

4. 偏心夹具车削偏心工件

对于批量较大的偏心工件，一般采用专用夹具车削。既能够保证质量，又能提高生产效率。

利用偏心套车削偏心轴的加工方法，偏心套是根据工件的偏心距的要求来制作。偏心套的偏心距必须保证，以偏心轴偏心距公差的中间值进行严格制作，这样能防止因偏心套的误差及安装误差而产生废品，同时偏心孔的表面粗糙度要达到 $Ra \leqslant 1.6\ \mu m$ 以上，偏心套上沿轴线方向有 1~2 mm 的豁口并且在最薄处壁厚保证在 3 mm 左右。

5. 偏心距的测量

（1）游标卡尺测量

这是一种最简单的测量方法，适用于测量精度要求不高的偏心工件。使用时应对工件偏心孔壁最厚处（最大尺寸）和最薄处（最小尺寸）测量，这样才能准确测得偏心距的数值。所测得的最大尺寸和最小尺寸差值的1/2即为偏心距。

（2）百分表测量

这种测量方法适用于精度要求较高而偏心距不大的偏心工件。百分表的最大值与最小值之差应是偏心距的两倍，否则工件的偏心距就不符合要求。

（3）百分表与中滑板配合测量

对于偏心距较大的偏心件可以在车床上进行测量，利用车床中滑板的刻度来补偿百分表的测量范围，能够得出比较准确的测量结果。

七、四拐曲轴识图

装夹与车削四拐曲轴。

工件的主要特点：工件为四拐曲轴，有各曲柄径尺寸和主轴颈尺寸。曲轴偏心中心圆 ϕ（16±0.075）mm。

八、装夹曲轴的方法

1. 用一夹一顶装夹四拐曲轴的方法

曲轴的车削或磨削加工，主要是解决曲柄颈的加工时工件装夹问题，即如何把曲柄颈轴线校正到与车床或磨床主轴旋转轴线相重合。

当曲轴直径较粗、偏心距不大时，用一夹一顶装夹曲轴的方法就是把卡盘夹在花盘上，使卡盘轴线与主轴轴线的距离等于曲轴曲拐轴颈的偏心距。在连接盘部分的端面上钻出各曲拐轴颈的中心孔 B、C、D、E。用卡盘夹住主轴颈 d，顶尖顶住偏心中心孔，曲拐轴颈的分度和它与主轴颈的平行度要加以保证。

2. 两顶尖装夹四拐曲轴的方法

用两顶尖装夹曲轴的方法，是在曲轴两端面预先钻出主轴颈中心孔 A 和曲柄颈的偏心中心孔 B、C、D、E。然后以各中心孔定位，将曲轴安装在机床两顶尖上，分别加工曲柄和外圆，最后加工主轴颈，并车去两端面上偏心中心孔 B、C、D、E。

这种方法适合小型或偏心距不大的曲轴，一般直接用圆棒料加工。

3. 用偏心夹板装夹四拐曲轴的方法

用偏心夹板装夹曲轴的方法，是在经过加工的曲轴两端主轴颈上（直径为留有余量的工艺尺寸），安装一对偏心夹板，并在平板上用 V 形架等工具进行找正，经找正后，紧固偏心夹板上螺钉，然后在两端偏心夹板的偏心中心孔中用两顶尖装夹来加工曲柄颈。这种方法适合偏心距较大，无法在端面钻偏心中心孔的曲轴。

4. 用偏心卡盘装夹四拐曲轴的方法

偏心卡盘是一种常用加工偏心工件的专用夹具，适用于加工偏心精度较高的偏心工件。由于偏心卡盘的偏心距是用量块和百分表测得，因此可以获得很高的偏心精度。这种方法装夹曲轴比用两顶尖装夹刚性要好并可对偏心距进行调整。

当曲轴直径较粗、偏心距不大时，可采用偏心卡盘装夹加工曲轴。

先在两端面上各钻出一个主轴颈中心孔 A，再在一个端面上钻出各曲柄颈的偏心中心孔 B、C、D、E。预先加工外径工艺尺寸定位基准，然后装夹在两顶尖间粗加工两端基准主轴颈 A、B 和连接盘外圆及加长部分。外径工艺尺寸定位基准装夹在偏心卡盘上，另一端面的偏心中心孔用顶尖顶上，用百分表找正两端基准轴颈 A、B 同轴后即可车削曲拐轴颈。

5. 用专用偏心夹具装夹四拐曲轴的方法

专用夹具上装夹曲轴的方法，是偏心体与车床主轴通过心轴定位，并用四只偏心体紧固螺钉紧固在花盘上。曲轴通过分度盘用螺钉与偏心体连接紧固，并由圆锥销定位。车床尾座处采用对分式轴座紧固工件，轴座上镶有铜套。分度盘上有分度精确的三个圆锥孔。分度时，卸下偏心体处的紧固螺钉并松开尾座偏心体的紧固螺钉，转动曲轴，进行分度，将圆锥销插入下一个分度锥销孔中，即可加工第二个方向上的曲柄颈。这种方法适用于工件批量较大的场合。

九、曲轴加工方法

1. 粗、精车各轴颈的先后顺序的原则

车削偏心距小的曲轴，这种曲轴可以在端面上直接钻出偏心孔，不需要其他夹具就能够进行装夹和车削。车削偏心距较大的曲轴，而且无法在端面上钻出偏心中心孔的工件可以利用偏心夹具。

装夹后工件的刚度各异，为保证工件的刚度应先加工曲轴的中间部位轴颈，然后再车削两边曲柄颈，若工件较长可以在先加工好的轴颈处上中心架进行支承。

2. 减少多拐曲轴车削变形的方法

（1）曲轴变形的主要原因

1）工件静平衡差异对曲轴变形的影响。加工工件的静平衡差会产生一个离心力，使工件回转轴线弯曲，外圆各处车削深度不等，使工件外圆产生圆度误差。

2）顶尖及支承螺栓的松、紧对曲轴变形的影响。在加工曲轴时，顶尖或支承螺栓顶得过紧，会使工件回转轴线弯曲。

3）中心孔钻得不正确对曲轴变形的影响。在加工曲轴时，两端中心孔不在同一条直线上或两端中心孔的轴线歪斜，造成轴颈圆柱度误差。

4）此外车床精度和切削速度也会影响曲轴变形，车床精度越差，切削速度越高，离心力就越大，工件的变形也就越严重。

（2）克服曲轴变形的几种方法

1）将车刀伸出部分做成鱼肚形。提高了刀体伸出部分的刚度。

2）刀排式车刀。车刀由刚度较高的刀排和刀头构成，刃磨、更换刀具较方便，节省刀体材料，但车削钢件时，排屑不顺利，切屑容易挤入刀头前面与刀排的缝隙中，观察加工情况也不易，因此多用粗加工。

3）辅助支承车刀。在车刀头底部预先加工出一个螺孔，螺钉支承在中滑板上，调节支承长度并用螺母锁紧，在粗加工时可提高车刀的使用刚度。

4）提高曲轴加工刚度。在曲柄颈或主轴颈之间安装支承物。

在曲轴长颈比较大时，为防止工件产生振动可以借助偏心套筒，使用中心架进行车削。

（3）安装曲轴的注意事项

1）认真对待钻削各个中心孔，使两端相对应的中心孔尽量在同一轴线上。

2）认真校正工件的静平衡，使曲轴在每个回转位置都能起步和停止。

3）装夹时适当顶紧曲轴中心孔，如装夹条件许可，可将工件尾端装夹由后顶针改为外圆支承。

4）在车削时，曲柄颈或主轴颈之间要尽可能用支承螺栓顶住或压板压牢。

5）车削时，切削速度不宜选得过高。

6）注意调整车床主轴的间隙。

十、测量多拐曲轴

1. 曲柄颈与主轴颈轴线之间的平行度检测方法

曲轴主轴颈放置在 V 形架上，用百分表找正主轴颈两端在同一高度上，再把百分表移动到曲柄颈上，检测各曲柄颈的最高点数值是否相同。

2. 曲柄颈夹角的检测方法

（1）三拐曲轴检测

把曲轴两端支承在 V 形架上并调整两端，使两端的支承轴线与平台的距离相等，随后在一个曲拐轴颈下面垫进量块，使曲拐轴颈中心与支承轴颈中心的连线和平台水平面成30°夹角，量块计算公式如下：

$$h = A - \frac{1}{2}\left(D + R + d\right)$$

式中　h——量块高度；

　　　A——支撑轴颈外圆顶点高度；

　　　D——支撑轴颈实际尺寸；

　　　R——曲拐与支撑轴颈偏心距；

　　　d——曲拐轴颈实际尺寸。

检验曲拐夹角时，用百分表先测出这一曲拐轴颈外圆顶点的读数，然后再测出另一曲拐的读数，如果测得两者读数相同者为两个曲拐轴颈夹角等于120°。如果测得读数有差异，则曲拐夹角有误差，可利用下列公式计算，求出无垫铁处曲拐轴颈中心与支承轴颈中心的连线对平台水平面间的夹角 θ 及角度误差值 $\Delta\theta$。

$$\sin\theta = 0.5 - \frac{H' - H}{R}$$

式中　H'——无量块处曲拐轴颈顶点读数；

　　　H——有量块处曲拐轴颈顶点读数；

　　　R——曲拐与支撑轴颈偏心距。

（2）其他多拐曲轴的测量检查

在实际生产中除了上述曲拐轴颈全部相等的三拐曲轴外，还会遇到各种曲拐轴颈不等的多拐曲轴，其曲拐数也可能是四拐、六拐等，这时我们就需要采用一些换算的公式和方法来测量检查曲拐角度的误差值。

3．偏心距检测

把曲轴安装在两顶尖上，用百分表或高度尺测量出 H、h、d、d_1，然后用下面公式计算：

$$e = H - \frac{d_1}{2} - h + \frac{d}{2}$$

式中　e——偏心距；

　　　H——曲柄颈最高点读数；

　　　h——主轴颈最高点读数；

　　　d——主轴颈直径；

　　　d_1——曲柄颈直径

十一、凸轮加工识图

对凸轮 $R140$ mm 部位进行成批加工。凸轮表面粗糙度 $Ra \leqslant 1.6$ μm。

十二、花盘的安装、检查和修正

缺圆块状工件本体呈弓形，轮廓尺寸不大，但是有较大的圆弧面或圆锥面，需装夹在花盘上配重后才能加工，一般用于模具的造型镶嵌。

花盘安装前必须检查盘面是否平直，盘面与主轴轴线是否垂直。花盘安装后，应检查平面的跳动值。可用百分表测量花盘的平面。用手转动花盘观察百分表的跳动量要求在 0.02 mm 以内。

在花盘上安装工件后，盘体的质量会偏向一侧，如果不将盘体进行静平衡校正就进行车削会影响工件的加工精度，还会引起机床的振动将损坏机床。因此，在加工工件前必须在花盘上安装平衡块。花盘校正平衡时可以适当调整平衡块的位置和质量。检验花盘静平衡时将主轴箱手柄放在空挡位置，转动花盘观察花盘是否能在任意位置停下，如果能够停下，说明平衡找好，否则需重新调整平衡块的位置或质量。

十三、缺圆块状零件上弓形公式计算

缺圆孔工件的尺寸根据弓形公式计算。

$$H = R - 0.5 \sqrt{4R^2 - L^2}$$

式中　H——弦高；

　　　R——缺圆孔半径；

L——弦长。

十四、在花盘上加工缺圆块状零件的方法

1. 加装辅助测量块

这种方法适用于单件生产。一般校正缺圆孔工件时，先在工件平面上划好校对圆线。然后在车床主轴孔安装测量套，测量套要探出花盘平面，伸出的部分外圆要车到较精确的一个尺寸，用来测量和找正缺圆孔的内径和外径。

2. 多件同时车削

对于数量较多的缺圆孔工件，可以采用多件装夹在一起进行车削的方法。加工缺圆孔时，利用角铁定位块对工件定位，一起进行车削，这样相当于车圆孔，测量也较为方便。

十五、测量缺圆孔中心至角铁平面之间的尺寸

1. 测量缺圆孔中心至基准面之间的距离

首先在车床主轴锥孔里插入辅助测量棒，测量棒与车床主轴回转轴线要求一致（测量棒外圆适宜为一整数值，便于测量计算）。随后把角铁装夹在花盘上，校正角铁平面的平行度，再用百分表、量块或游标高度尺测量和校正角铁装置平面至辅助测量棒顶面的距离（测量心轴顶面至角铁平面距离），保证缺圆孔工件中心至角铁平面的距离。

2. 校正工件左右位置

为了确定缺圆孔在工件上的左右位置，可以根据要求，在工件上相应地划出基准十字中心线，将所划的中心线校正在车床主轴回转中心上。

3. 检验半圆孔中心至基准面距离

车削缺圆孔时，用刀口游标卡尺测出缺圆孔壁最低点至基准面的距离，然后再按缺圆孔的实际尺寸进行换算。如果测量结果与换算尺寸相同或在公差范围内，便可进行精加工。如果有误差尚须按照差数的大小和方向调节角铁位置，再试车检查，直至符合要求为止。

十六、批量加工缺圆块状零件工件测量与夹具的安装

对于批量生产的缺圆块状零件要能够设计简单实用的夹具进行生产。

内、外缺圆不同直径车削与测量的方法如下。

1. 用测量棒检测工件

将棒料塞入主轴孔中，伸出的长度与工件等高。伸出部分钻孔，将外圆车削至精确的尺寸 ϕd，用来检测车削缺圆工件不同的外径与内径。用卡尺外卡脚测量时的值为 A，检测缺圆孔外径值为 $R_1 = A - d/2$；用卡尺内卡脚测量时的值为 B，检测缺圆孔内径值为 $R_2 = B +$

$d/2$。

2. 用测量块检测工件

工件安装在卡盘上后，在工件对面安装检测铁板起到配重作用。车削工件的同时也把配重块车出一个圆弧。

理论知识辅导练习题

一、**判断题**（下列判断正确的请在括号内打"√"，错误的请在括号内打"×"）

1. 车削偏心距较大的曲轴，不需要其他夹具就能够进行装夹和车削。（　）

2. 装夹曲轴保证工件的刚度时，若工件较长可以在先加工好的轴颈处上跟刀架进行支承。（　）

3. 在花盘上安装工件后，如果不将盘体进行静平衡校正，进行车削会影响工件的加工精度。（　）

4. 缺圆块状工件加工是连续切削加工。（　）

5. 缺圆孔块状零件不能装夹在三爪自定心卡盘上加工。（　）

6. 缺圆孔块状零件需装夹在花盘上，配重后才能实现对称加工。（　）

7. 加工缺圆孔块状工件产生尺寸不正确，原因是误差复映。（　）

8. 加工缺圆块状工件时，由于测量不准确容易产生椭圆或棱圆。（　）

9. 采用花盘定位套、压板等方法装夹缺圆块状工件。（　）

10. 偏心轴类零件和阶梯轴类工件的装夹方法完全相同。（　）

11. 车削多拐曲轴用两顶尖装夹，若顶尖顶得太紧，会使工件回转轴线弯曲，增大曲柄颈轴线对主轴颈轴线的平行度误差。（　）

12. 车削批量大要求加工精度高的偏心工件时用偏心专用夹具。（　）

13. 花盘适合装夹偏心类工件。（　）

14. 曲柄颈夹角是测量多拐曲轴与一般轴类零件不同的项目。（　）

15. 车削多拐曲轴时，为了提高曲轴的刚度可搭一个中心架。（　）

16. 偏心夹具适合单件生产。（　）

17. 车削曲轴时，顶尖孔位置不正确，是造成轴颈间轴颈尺寸不符合图样要求的主要原因。（　）

18. 使用花盘角铁装夹工件，角铁与花盘两平面夹角无要求。（　）

19. 光靠划线和根据划线找正工件是很难保证偏心距的加工精度的。（　）

20. 在三爪自定心卡盘上用垫片找正车偏心工件时，垫块的材料应为平垫。（　）

21. 孔的田字检测框线比用圆线找正更准确。 （　　）

22. 两顶尖装夹四拐曲轴的方法适合小型或偏心距不大的曲轴。 （　　）

23. 偏心卡盘装夹曲轴没有两顶尖装夹刚性好。 （　　）

二、单项选择题（下列每题有4个选项，其中只有1个是正确的，请将其代号填写在横线空白处）

1. 田字框线的作用为＿＿＿＿＿＿。

　　A. 粗找正看线　　　　　　　　　　B. 找正同轴十字线

　　C. 检测孔框线　　　　　　　　　　D. 找正水平侧母线

2. 检验两个孔的偏心距精密尺寸，可用＿＿＿＿＿＿。

　　A. 两个检验棒和外径千分尺　　　　B. 卡尺

　　C. 量块　　　　　　　　　　　　　D. 百分表

3. 在四爪单动卡盘上装夹偏心工件，找正物体表面＿＿＿＿＿＿的划线时，先使偏心轴线与车床主轴轴线重合，再找正侧母线，使整个轴线重合。

　　A. 外圆　　　　　B. 内孔　　　　　C. 端面　　　　　D. 偏心距

4. 精度要求不高的偏心工件检验时，可用＿＿＿＿＿＿检验孔距尺寸。

　　A. 两个检验棒，用外径千分尺　　　B. 卡尺

　　C. 量块　　　　　　　　　　　　　D. 百分表

5. 检验偏心距不大的偏心工件时，可用＿＿＿＿＿＿测量偏心距尺寸。

　　A. 两个检验棒，用外径千分尺　　　B. 卡尺

　　C. 量块　　　　　　　　　　　　　D. 百分表

6. 曲轴直径较粗、偏心距不大时，用＿＿＿＿＿＿装夹曲轴的方法。

　　A. 两顶尖　　　　　　　　　　　　B. 偏心夹板

　　C. 一夹一顶　　　　　　　　　　　D. 专用偏心夹具

7. 一夹一顶方法每次安装曲轴加工时顶尖都要＿＿＿＿＿＿。

　　A. 顶住主轴颈中心孔　　　　　　　B. 顶住偏心夹板

　　C. 顶住偏心中心孔　　　　　　　　D. 找正

8. 小型或偏心距不大的曲轴，用＿＿＿＿＿＿装夹的方法。

　　A. 两顶尖　　　　　　　　　　　　B. 用偏心夹板

　　C. 一夹一顶　　　　　　　　　　　D. 用专用偏心夹具

9. 采用两顶尖法装夹车削，曲轴的曲柄颈之间及与主轴颈之间的平行度由＿＿＿＿＿＿保证。

　　A. 量块　　　　　B. 百分表　　　　C. 中心孔　　　　D. 操作工定位

10. 曲轴的直径_____而偏心距较小，在端面上可以钻中心孔时，采用两顶尖装夹工件。

  A. 较大   B. 较小   C. 一般   D. 很小

11. 偏心距较大，无法在端面钻偏心中心孔的曲轴，用_____装夹曲轴的方法。

  A. 两顶尖   B. 偏心夹板

  C. 一夹一顶   D. 三爪卡盘垫块

12. 偏心精度较高的偏心工件，用_____装夹的方法。

  A. 两顶尖   B. 偏心夹板   C. 一夹一顶   D. 偏心卡盘

13. 批量较大的曲轴加工，用_____装夹的方法。

  A. 两顶尖   B. 三爪卡盘垫块

  C. 专用偏心夹具   D. 偏心卡盘

14. 曲轴颈_____的误差是曲轴质量检测中的主要内容。

  A. 夹角   B. 精度   C. 角度   D. 平行度

15. 曲柄颈_____的检测常用的方法是垫块测量法。

  A. 夹角   B. 精度   C. 角度   D. 平行度

16. 检测曲柄颈夹角常用的方法之一是_____测量法。

  A. 千分尺   B. 角度尺   C. 分度头   D. 游标卡尺

17. 曲柄颈轴线与主轴颈轴线之间几何精度要求主要是_____。

  A. 尺寸   B. 公差   C. 平行度   D. 圆度

18. 花盘安装前必须检查盘面是否平直，盘面与主轴轴线是否垂直。用手转动花盘观察百分表的跳动量要求在_____ mm 以内。

  A. 0.02   B. 0.06   C. 0.10   D. 0.20

19. 在花盘上检测车削缺圆工件不同的圆弧外径与内径时，是通过_____测量的。

  A. 卡尺   B. 测量棒   C. 千分尺   D. 量块

20. 在双重卡盘上适合车削_____的偏心工件。

  A. 小批量生产 B. 单件生产   C. 精度高   D. 大批量

21. 找正偏心距为 2.4 mm 的偏心工件，百分表的最小量程为_____。

  A. 15 mm   B. 4.8 mm   C. 5 mm   D. 10 mm

22. 下列装夹方法_____不适合偏心轴的加工。

  A. 两顶尖   B. 花盘

  C. 专用夹具   D. 三爪自定心卡盘

23. 偏心距较大的工件，不能采用直接测量法测出偏心距，这时可用_____采用间接测量法测出偏心距。

  A. 百分表和高度尺   B. 卡尺和千分尺

  C. 百分表和千分尺   D. 百分表和卡尺

24. 用两顶尖前后顶住轴类偏心工件，偏心距较小时，百分表指示偏心圆的最大值与最小值_____即为零件的偏心距。

  A. 之差   B. 之差的一半   C. 和的一半   D. 之和

25. 若曲轴两曲柄臂内侧面为斜面、圆弧面或球弧面加工时，可使用_____提高加工刚度。

  A. 螺栓支承   B. 中心架支承   C. 夹板夹紧曲柄臂   D. 偏心过渡套

26. 车削偏心轴类工件，批量大，要求加工精度高，从下面选择最合适的装夹方法_____。

  A. 四爪单动卡盘   B. 三爪自定心卡盘   C. 花盘   D. 专用夹具

27. 两顶尖装夹车削多拐曲轴，若顶尖顶得太紧，会使工件回转轴线弯曲，增大曲柄颈轴线对主轴颈轴线的_____误差。

  A. 平行度   B. 对称度   C. 直线度   D. 圆度

28. _____是多拐曲轴质量检查中与一般轴类零件不同的项目。

  A. 尺寸精度   B. 轴颈圆度   C. 轴颈间的同轴度   D. 曲柄颈夹角

29. 有一个小型三拐曲轴，生产类型为单件生产，从下面选项中选出一种最好的装夹方法_____。

  A. 设计专用夹具装夹   B. 在两端打中心孔，用顶尖装夹

  C. 偏心卡盘装夹   D. 使用偏心夹板装夹

30. 下面对于偏心工件的装夹，叙述错误的是_____。

  A. 两顶尖装夹适用于较长的偏心轴

  B. 专用夹具适用于单件生产

  C. 偏心卡盘适用于精度要求较高的偏心零件

  D. 花盘适用于偏心孔类零件装夹

31. 当生产批量大时，从下面选择出一种最好的曲轴加工方法_____。

  A. 直接两顶尖装夹   B. 偏心卡盘装夹

  C. 专用偏心夹具装夹   D. 在两顶尖间装夹

32. 若曲柄颈偏心距较大，两端无法打中心孔时，可以使用偏心夹板的偏心中心孔在_____装夹。

  A. 两顶尖间   B. 偏心卡盘上

C. 四爪单动卡盘上   D. 三爪自定心卡盘上

33. 常用在 V 形铁上放置多拐曲轴用百分表测量的方法，检测曲柄颈与主轴颈轴线之间的_____。

    A. 平行度   B. 轴颈圆度

    C. 曲柄颈夹角   D. 轴颈间的同轴度

34. 利用三爪自定心卡盘装夹偏心工件时，其垫块的厚度大约是偏心距的_____。

    A. 1 倍   B. 2 倍   C. 1/2   D. 3/2

35. 单件加工三偏心偏心套，采用_____装夹。

    A. 三爪自定心卡盘   B. 四爪单动卡盘   C. 双重卡盘   D. 花盘角铁

36. 偏心工件的装夹时，叙述错误的是_____。

    A. 花盘适用于加工偏心孔

    B. 专用夹具适用于单件加工

    C. 偏心卡盘适用于精度较高的零件

    D. 三爪自定心卡盘适用于精度不高的零件

37. 由于使用_____车削偏心时，偏心距可用量块或千分尺测得，因此加工精度较高。

    A. 偏心卡盘   B. 三爪自定心卡盘   C. 双重卡盘   D. 两顶尖

38. 偏心套在 180° 方向有对称偏心孔，偏心圆中心线对外圆基准轴心线要求_____公差。

    A. 平行度   B. 平面度   C. 垂直度   D. 同轴度

39. 在三爪自定心卡盘上车偏心工件时用垫片找正，偏心距为 8 mm，垫片厚度为_____。

    A. 4 mm   B. 8 mm   C. 12 mm   D. 16 mm

40. 在三爪自定心卡盘上车偏心工件时用垫片找正，当实测偏心距小于 0.1 mm 时，修正值为_____。

    A. +0.1 mm   B. +0.15 mm   C. -0.1 mm   D. -0.15 mm

41. 在四爪单动卡盘上找正偏心零件划线正确的顺序为_____。

    A. 圆周线、十字线、田字框线、侧母线

    B. 侧母线、圆周线、十字线、田字框线

    C. 侧母线、圆周线、田字框线、十字线

    D. 十字线、圆周线、田字框线、侧母线

42. 端面田字框线的作用叙述错误的是_____。

A．圆孔的田字框线将孔的上下、左右定位

B．比用圆周线找正准确

C．田字检测框线用于精密检测孔的位置

D．圆周线比用田字框线找正更准确

43．用圆规划出圆周线找正，圆周线只作为加工时的参考的原因是_____。

A．圆周线看不清　　　　　　　　B．圆周线容易被车掉

C．划规不准　　　　　　　　　　D．样冲孔不正，划圆周线不准

44．两顶尖支承工件，在两端面上钻偏心中心孔时，需要根据_____的要求分别钻出中心孔。

A．偏心距和偏心方向　　　　　　B．偏心方向

C．偏心距　　　　　　　　　　　D．中心钻尺寸

45．四爪单动卡盘和三爪自定心卡盘结合使用车削偏心工件是_____装夹工件。

A．四爪单动卡盘上装夹三爪自定心卡盘后再

B．三爪自定心卡盘上装夹四爪单动卡盘后再

C．四爪单动卡盘装夹工件后再用三爪自定心卡盘

D．三爪自定心卡盘装夹工件后再用四爪单动卡盘

46．_____的偏心工件车削内孔可以在花盘上进行车削。

A．各种　　　　B．小批量　　　　C．成批量　　　　D．大批量

47．对于_____的偏心工件，一般采用专用夹具车削。

A．难加工　　　　B．小批量　　　　C．成批量　　　　D．大批量

48．工件偏心孔壁所测得的外缘最大尺寸和内缘最小尺寸之和的_____即为偏心距。

A．1/2　　　　B．1/3　　　　C．1/4　　　　D．1/5

49．百分表与中滑板配合检测是指_____。

A．利用百分表的测量范围来补偿车床中滑板的刻度

B．利用车床中滑板的刻度来补偿百分表的测量范围

C．车床中滑板的刻度不准由百分表的测量范围来补偿

D．百分表的测量范围不准由车床中滑板的刻度来补偿

50．用偏心夹板装夹四拐曲轴时，中心孔在_____上钻出。

A．主轴颈　　　　B．曲柄颈　　　　C．偏心夹板　　　　D．工件端面

51．偏心卡盘装夹四拐曲轴可对_____进行调整。

A．偏心距　　　　B．中心距　　　　C．曲拐夹角　　　　D．曲轴尺寸

52．车削偏心距小的曲轴时，中心孔在_____上钻出。

A. 主轴颈　　　　　B. 曲柄颈　　　　　C. 偏心夹板　　　　　D. 工件端面

53. 工件静平衡差异对曲轴变形的影响为_____。

　　A. 静平衡差使工件回转轴线弯曲

　　B. 轴线歪斜造成轴颈圆柱度误差

　　C. 切削速度高，离心力大使工件变形

　　D. 顶尖顶得过紧轴线弯曲

54. 中心孔钻得不正确对曲轴变形的影响为_____。

　　A. 静平衡差使工件回转轴线弯曲

　　B. 轴线歪斜造成轴颈圆柱度误差

　　C. 切削速度高，离心力大使工件变形

　　D. 顶尖顶得过紧轴线弯曲

55. 车床精度和切削速度会影响曲轴变形为_____。

　　A. 静平衡差使工件回转轴线弯曲

　　B. 轴线歪斜造成轴颈圆柱度误差

　　C. 切削速度高，离心力大使工件变形

　　D. 顶尖顶得过紧轴线弯曲

56. 使两端相对应的中心孔尽量在同一轴线上，是安装_____的注意事项。

　　A. 曲轴　　　　　B. 箱体　　　　　C. 套筒　　　　　D. 丝杆

57. 认真校正工件的静平衡，使_____在每个回转位置都能起步和停止。

　　A. 丝杆　　　　　B. 圆柱体　　　　　C. 套筒　　　　　D. 曲轴

58. 加工缺圆块状工件的圆弧在_____加工。

　　A. 三爪自定心卡盘　B. 四爪单动卡盘　　C. 花盘　　　　　D. 拨盘

59. 批量加工缺圆孔块状工件，成组在花盘平面布满装夹，相当于_____。

　　A. 断续车圆孔　　　B. 连续车圆孔　　　C. 断续车端面　　　D. 连续车端面

60. 在花盘上加工一块内外圆弧不相等的圆弧块状工件时，需要_____加工。

　　A. 移动花盘　　　　B. 移动刀具　　　　C. 移动工件　　　　D. 移动刀台

61. 在车床主轴锥孔里插入辅助测量棒的目的为_____。

　　A. 中心轴线测量基准　　　　　　　　　B. 中心轴线定位基准

　　C. 中心轴线装配基准　　　　　　　　　D. 中心轴线工序基准

62. 车床主轴锥孔里插入辅助测量棒的作用有测量_____距离。

　　A. 角铁平面至中心轴线　　　　　　　　B. 加工孔

　　C. 导轨至中心轴线　　　　　　　　　　D. 刀具至中心轴线

63. 百分表测量方法适用于_____的偏心工件。

    A. 精度要求较低而偏心距较大

    B. 精度要求较高而偏心距较大

    C. 精度要求较高而偏心距较小

    D. 精度要求较低而偏心距较小

64. 由于使用_____车削偏心时，偏心距可用量块或千分尺测得，因此加工精度较高。

    A. 偏心卡盘　　　　B. 三爪自定心卡盘　C. 双重卡盘　　　　D. 两顶尖

三、多项选择题（下列每题的多个选项中，至少有两个是正确的，请将其代号填写在横线空白处）

1. 选用垫块加工偏心件时，_____。

    A. 实测结果与加垫块厚度后的结果一样　　B. 必须调整垫块厚度

    C. 加工精度要求不很高的工件　　　　　　D. 首件加工时进行试车检验

    E. 加工偏心距在 10 mm 以下的短偏心工件

2. 四爪单动卡盘上装夹三爪自定心卡盘再装夹工件加工适用于_____。

    A. 车削形状较小工件　　　　　　　　　　B. 较短且偏心距不大的偏心工件

    C. 精度要求不高的偏心工件　　　　　　　D. 偏心距较大工件

    E. 装夹不牢固工件

3. 多拐曲轴车削变形的主要原因有_____对曲轴变形的影响。

    A. 偏心距大小　　　　　　　　　　　　　B. 工件静平衡差异

    C. 顶尖及支承螺栓的松、紧　　　　　　　D. 中心孔钻得不正确

    E. 车床精度和切削速度

4. 车刀刚度较高的刀排结构的优点有_____。

    A. 刃磨刀具方便　　　　　　　　　　　　B. 更换刀具较方便

    C. 节省刀体材料　　　　　　　　　　　　D. 用于粗加工

    E. 切屑容易挤入刀头前面与刀排的缝隙中

5. 安装曲轴的注意事项有_____。

    A. 认真对待钻削各个中心孔，使两端相对应的中心孔尽量在同一轴线上

    B. 认真校正工件的静平衡，使曲轴在每个回转位置都能起步和停止

    C. 装夹时适当顶紧曲轴中心孔，如装夹条件许可，可将工件尾端装夹由后顶针改为外圆支承

    D. 在车削时，曲柄颈或主轴颈之间要尽可能用支承螺栓顶住或压板压牢

E. 车削时，切削速度不宜选得过高

6. 在车削加工均布三孔的阀体时，一次性装夹保证 3 个孔的精度，常采用_____装夹方法。

    A. 胀心力轴   B. 专用夹具

    C. 开缝夹套   D. 四爪卡盘

    E. 转盘夹具

7. 装夹加工偏心距较大的孔时，可以采用_____装夹。

    A. 胀心力轴   B. 四爪卡盘垫 V 形架

    C. 开缝夹套   D. 三爪卡盘

    E. 四爪卡盘焊接工艺软爪

8. 加工多拐曲轴时，以下措施中能够增加曲轴刚度的有_____。

    A. 在曲轴柄之间安装支承螺钉   B. 在曲柄颈之间安装凸缘压板

    C. 使用中心架及偏心套支承曲轴   D. 安装跟刀架

    E. 应先加工曲轴的两边曲柄颈，然后再车削中间部位轴颈

9. 要求曲轴有_____。

    A. 强度   B. 刚度

    C. 耐疲劳性   D. 耐磨性

    E. 冲击韧性

10. 缺圆孔中心至角铁基准面之间的距离通过测量棒测量时，要用到的量具有_____。

    A. 百分表   B. 量块

    C. 刀口直尺   D. 游标高度尺

    E. 外径千分尺

11. 曲轴颈偏心距超差的原因是_____。

    A. 工件变形   B. 工件振动

    C. 顶尖孔位置不正确   D. 偏心夹板误差

    E. 材料问题

12. 加工曲轴时，为防止因顶尖支顶力量过大，引起工件变形，而采取的方法是_____。

    A. 降低切削速度   B. 使用支承

    C. 合理支承夹板   D. 充分冷却

    E. 车刀锋利

13. 对于偏心距较大的曲轴，应选择_____的车床。

    A. 抗振性差　　　　　　　　　　B. 抗振性强

    C. 重心低　　　　　　　　　　　D. 重心高

    E. 刚度高

14. 装夹偏心距较大的曲轴时，应该安装平衡块，使曲轴转动时产生的_____得以平衡。

    A. 惯性力　　　　　　　　　　　B. 切削力

    C. 惯性力矩　　　　　　　　　　D. 振动

    E. 转速

15. 大批量加工曲轴时，下面不适用的装夹方法是_____。

    A. 一夹一顶装夹　　　　　　　　B. 两顶尖装夹

    C. 偏心卡盘装夹　　　　　　　　D. 专用偏心夹具装夹

    E. 四爪单动卡盘装夹

16. 专用偏心夹具的使用特点，叙述正确的是_____。

    A. 批量小　　　　　　　　　　　B. 数量大

    C. 单件　　　　　　　　　　　　D. 偏心距精度低

    E. 偏心距精度要求较高

17. 曲轴颈位置精度的检测主要包括_____项目。

    A. 偏心距　　　　　　　　　　　B. 平行度

    C. 曲柄颈夹角　　　　　　　　　D. 对称度

    E. 尺寸

18. 曲轴颈夹角的检测方法主要是_____。

    A. 分度头测量法　　　　　　　　B. 千分尺测量法

    C. 垫块测量法　　　　　　　　　D. 角度尺测量法

    E. 卡尺测量法

19. 缺圆孔块状工件是指_____。

    A. 偏心圆环的一部分　　　　　　B. 同心圆环的一部分

    C. 有内外圆弧尺寸要求的镶嵌畸形件　　D. 整圆环件

    E. 半圆环件

20. 缺圆块状曲面外形的计算实际上是_____。

    A. 弓形高度的计算　　　　　　　B. 三角尺寸的计算

    C. 圆环同心直径尺寸的计算　　　D. 偏心圆环或劣弧尺寸的计算

    E. 同心圆直径的计算

21. 缺圆块状工件属断续加工，_____。
    A. 刃倾角取 −5°～0°值
    B. 刃倾角取 0°～5°值
    C. 前角取 −5°～0°值
    D. 前角取 0°～5°值
    E. 刀尖圆弧适中

22. 缺圆块状工件为弓形，需下料成长方体，在加工前要计算_____方面的尺寸。
    A. 宽
    B. 厚
    C. 长
    D. 窄
    E. 低

23. 因缺圆孔块状工件内孔为断续切削，车刀主偏角采用_____。
    A. 45°
    B. 90°
    C. 75°
    D. 60°
    E. 100°

24. 缺圆孔块状工件一般只能在_____上进行加工。
    A. 三爪自定心卡盘
    B. 四爪单动卡盘
    C. 花盘
    D. 角铁
    E. 专用夹具

25. 加工缺圆孔块状工件，尺寸不正确的原因是_____。
    A. 刀具磨损
    B. 工艺系统热变形
    C. 量具误差
    D. 工件材料硬度低
    E. 切削应力变形

26. 加工缺圆孔块状工件时，工件表面有残留面积，改进措施应是减小进给量，_____，适当加大刀尖圆弧半径。
    A. 加大主偏角
    B. 减小主偏角
    C. 加大副偏角
    D. 减小副偏角
    E. 减小刃倾角

27. 由于曲轴形状复杂，刚度差，所以车削时容易产生_____。
    A. 冲击
    B. 振动
    C. 变形
    D. 弯曲
    E. 扭转

28. 在三爪自定心卡盘上车偏心工件时用垫片找正装夹工件时叙述正确的是_____。
    A. 选作垫块的材料硬度应较高
    B. 垫块上与爪脚接触的一面做成圆弧面

C. 工件不应夹得太紧

D. 首件加工后检验，按实测结果求得修正值

E. 垫片找正装夹适用于加工精度较高的偏心工件

29. 四爪单动卡盘上装夹三爪自定心卡盘后再装夹工件的局限性为_____。

A. 适用于车削形状较小、较短的偏心工件

B. 适用于车削偏心距不大偏心工件

C. 适用于车削精度不高的偏心工件

D. 适合单件加工偏心工件

E. 装夹不可靠

30. 曲轴变形的主要原因有_____。

A. 静平衡差使工件回转轴线弯曲

B. 顶尖或支承螺栓顶得过紧，会使工件回转轴线弯曲

C. 两端中心孔的轴线歪斜，造成轴颈圆柱度误差

D. 离心力越大，工件的变形也就越严重

E. 工件高速车削

31. 克服曲轴变形的几种方法为_____。

A. 车刀伸出部分做成鱼肚形　　　　B. 提高速度

C. 减小背吃刀量　　　　　　　　　D. 曲柄颈或主轴颈之间安装支承物

E. 减小进给量

32. 缺圆块状工件指形状为_____。

A. 非整圆件　　　　　　　　　　　B. 弓形件

C. 整圆截下一段圆弧件　　　　　　D. 一块圆弧件内外圆弧不相等

E. 外圆柱上有一段圆弧形状

参考答案及说明

一、判断题

1. ×。车削偏心距较大的曲轴，而且无法在端面上钻出偏心中心孔的工件可以利用偏心夹具。

2. ×。装夹曲轴保证工件的刚度时，若工件较长可以在先加工好的轴颈处上中心架进行支承。

3. √

4. ×。缺圆块状工件加工是断续切削加工。

5. √ 6. √ 7. √

8. ×。加工缺圆块状工件时，由于断续加工，容易产生椭圆或棱圆。

9. √

10. ×。偏心轴类零件和阶梯轴类工件的装夹方法不相同。

11. √ 12. √

13. ×。花盘适合装夹被加工表面与基准面互相垂直的偏心孔类工件。

14. √

15. ×。可以在与主轴颈或与曲轴颈同轴的轴颈上，直接使用中心架来提高曲轴的刚度，或借助偏心套筒使用中心架进行车削。

16. ×。偏心夹具适合批量生产。

17. ×。车削曲轴时，顶尖孔位置不正确，是造成曲柄颈之间及主轴颈的位置精度不符合图样要求的主要原因。

18. ×。角铁与花盘两平面夹角必须垂直。

19. √

20. ×。在三爪自定心卡盘上用垫片找正车偏心工件时，垫块的材料应做成圆弧面，其圆弧等于或小于爪脚圆弧，否则容易造成偏心误差。

21. √ 22. √ 23. ×

二、单项选择题

1. C 2. A 3. C 4. B 5. D 6. C 7. C 8. A 9. C 10. A

11. B 12. D 13. C 14. A 15. A 16. C 17. C 18. A 19. B 20. A

21. C 22. B 23. C 24. B 25. C 26. D 27. A 28. D 29. B 30. A

31. C 32. A 33. A 34. D 35. B 36. B 37. A 38. A 39. C 40. B

41. B 42. D 43. D 44. A 45. A 46. B 47. D 48. A 49. B 50. C

51. A 52. D 53. A 54. B 55. C 56. A 57. D 58. C 59. B 60. C

61. A 62. A 63. C 64. A

三、多项选择题

1. BCED 2. ABC 3. BCDE 4. ABCD 5. ABCDE 6. BE 7. BE

8. ABC 9. ABCDE 10. ABD 11. ACD 12. BC 13. BCE 14. AC

15. ABCE 16. BE 17. ABC 18. AC 19. ABCE 20. AD 21. ACE

22. ABC 23. ACD 24. BCE 25. AE 26. BD 27. BC 28. ABD

29. ABCE 30. ABCD 31. AD 32. ABCD

第4章　箱体孔加工

考 核 要 点

理论知识考核范围		考核要点	重要程度
齿轮减速箱体类加工	箱体孔加工技术	1. 交错孔齿轮减速箱识图	★★★
		2. 工件夹紧与定位	★
	箱体尺寸测量技术	1. 交错孔齿轮减速箱识图	★★★
		2. 表面粗糙度的测量	★★★
		3. 尺寸精度的测量	★★★
		4. 几何精度的测量	★★
		5. 箱体加工常见误差	★
蜗轮减速箱体类加工		1. 蜗轮减速箱体识图	★★★
		2. 蜗轮箱体加工时定位基准的选择	★★
锥齿轮座类加工		1. 垂直相贯孔齿轮箱识图	★★
		2. 轴承孔的车床精度要求	★
		3. 垂直相贯孔齿轮箱定位基准的选择原则	★★★

注："重要程度"中"★"为级别最低，"★★★"为级别最高。

重点复习提示

一、交错孔齿轮减速箱识图

如下图所示为齿轮减速箱体，对此工件进行箱体孔加工。

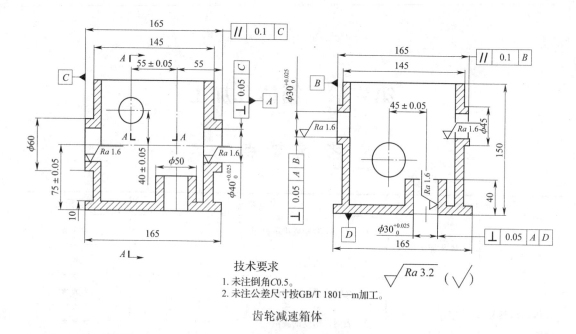

技术要求
1. 未注倒角C0.5。
2. 未注公差尺寸按GB/T 1801—m加工。

齿轮减速箱体

此齿轮减速箱体的车加工，是指用5块钢板焊接后，形成一个方形上开口的箱体。以底平面为基准面进行划线，对箱体上的同轴贯通孔、垂直孔、空中交叉垂直且平行孔的加工都有较严格的要求。要车平面做基准，然后保证各个侧面的垂直和平行加工。检测时要用测量棒等检测中心距、垂直度、平行度。在加工各个孔时，要用花盘和角铁进行装夹。

二、工件夹紧与定位

1. "一刀活"车削定位基准

工件装夹在花盘角铁上找正后，以箱体侧面为基准车削底面内孔，并车165 mm×165 mm底面为定位和测量基准。

2. 底平面定位，车削 $2×\phi40^{+0.025}_{0}$ mm 贯通孔

工件以底平面为基准装夹工件，在角铁上车削 $\phi40^{+0.025}_{0}$ mm 同轴内孔。在调整基准孔轴线与角铁中心高度时采用量棒、量块、百分表测量，工件安装后用直角尺找正工件侧面与花盘面垂直后，压紧车削。

3. 底平面定位，车削 $2×\phi30^{+0.025}_{0}$ mm 贯通孔

以底平面为定位基准安装在角铁上面。找正到 $\phi30^{+0.025}_{0}$ mm 孔轴线的距离，将角铁用百分表找正在水平位置，在角铁上放置两块量块，用百分表分别测量量块与 $\phi40^{+0.025}_{0}$ mm 贯通孔的测量心轴等高，另一组与 $\phi30^{+0.025}_{0}$ mm 测量棒等高，然后在角铁上测量量块的高度差为（40±0.05）mm。

三、交错孔齿轮减速箱识图

根据齿轮减速箱体样图，识别交错孔知识。

两侧箱体壁上贯通同轴孔 $\phi30$ mm 及两侧箱体壁上贯通同轴孔 $\phi40$ mm，它们都是同一轴线的孔。

贯通同轴孔 $\phi30$ mm 与 $\phi40$ mm 之间的轴线属于平行孔轴线，但孔方向垂直，为立体上平行交错孔。

底面 $\phi30$ mm 孔与上面的 $\phi30$ mm 和 $\phi40$ mm 孔属于垂直交错孔，垂直但不相交。

四、表面粗糙度的测量

工件的表面粗糙度的检验采用对比法，使用标准量块对比各加工表面，确定 Ra 值。

五、尺寸精度的测量

1. 孔直径测量

对于精度要求不高的内孔采用游标卡尺测量。对于精度要求较高的内孔采用内径杠杆百分表、内径千分尺、塞尺、卡钳测量。

2. 孔深度测量

一般采用深度卡尺测量，对于尺寸要求较高的深度可采用深度千分尺或采用量块测量。

3. 中心距测量

测量垂直轴线交错孔轴线距离时采用心轴、百分表、量块、千分尺测量。

4. 两平行孔距测量

两平行孔距可用千分尺测量心轴的外径，计算公式为 $L = L_1 - \dfrac{d_1 + d_2}{2}$。如下图所示。

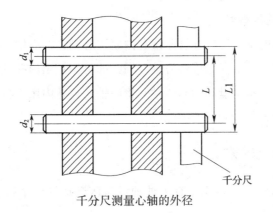

千分尺测量心轴的外径

5．平行交错孔距测量

两孔轴线垂直交错时中心距的检测采用心轴、百分表、量块测量，将箱体放置在平板上，把心轴塞入孔内，用百分表找正心轴轴线与平板的平行度。

在两孔内分别插入心轴，分别用百分表找正心轴轴线与平板的平行度，用量块测量两心轴高度差，两组量块尺寸差即为两孔轴线实际距离差。

6．孔轴线与基准面距离测量

用百分表、量块、杠杆百分表为测量量具，对工件内孔的下素线进行测量，百分表数值调至零刻度，再根据图样将量块调至平台距内孔下素线的高度，用百分表测量量块，百分表测量量块与测量内孔下素线高度的数值差即为对基准尺寸的加工误差。

六、几何精度的测量

1．直线度检测

一般常用检验棒检测。当内孔直线度要求不高时可在检验棒上配检验套进行检测，如果能自由推入孔内表明直线度合格。当孔同轴度要求较高时，采用专用检验棒，可准确测量直线度的偏差值。

2．孔轴线间的平行度检测

当两孔轴线平行度要求不高时可用卡尺在孔两侧测两轴线间距离进行误差检验；要求较高时可用千分尺，通过测量两验棒测得两孔平行度。

3．孔轴线对基准面平行度测量

可将心轴塞入基准孔后用百分表进行测量对基准面的高度值。被测量工件放置在平台上，用百分表测量心轴两端，其数值为测量长度内轴线对基准的平行度误差。两轴线间距离检验时，首先将基准轴线找正与平台平行，然后测量被测心轴两端的高度，所测得的差值为测量长度内，两轴孔轴线之间的平行度误差。

4．端面对孔轴线的垂直度

测量孔轴线与端面的垂直度时在被测量孔内塞入心轴，在心轴一端安装百分表，让百分表的测量头垂直于被测孔的端面上旋转心轴一周，即可测量出内孔轴线与端面间的垂直度误差。如果心轴一端带有检验圆盘的检测心轴，将心轴塞入孔内用涂色法检验圆盘与端面间的接触情况，或用塞尺检查与端面间的间隙。

七、箱体加工常见误差

（1）内孔为喇叭孔时，主要原因有主轴轴线与床鞍运动不平行、床鞍磨损、车刀中途磨损等。

（2）内孔与底面不平行时，主要原因有基准底面找正不准确。

（3）中心距超差时，主要原因有工件找正不正确，加工中应不断观察划线线条和多次测量。

八、蜗轮减速箱体识图

一对蜗轮、蜗杆配合传动形成减速机构，蜗轮蜗杆被装在减速箱体内。加工减速箱体内安装的蜗轮、蜗杆所需的机件结构尺寸，是车床主要加工任务，如下图所示。

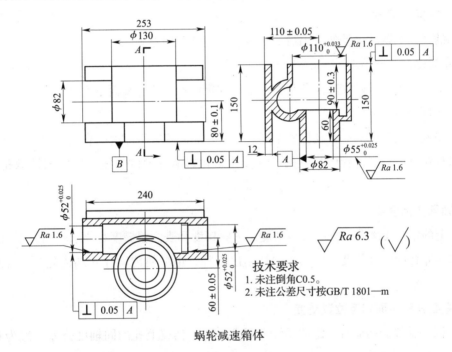

蜗轮减速箱体

箱体中基准与中心距的距离认识与确定有助于了解和掌握蜗轮箱体的加工工艺。

1. 箱体孔 $\phi55^{+0.025}_{0}$ mm 与 $\phi110^{+0.033}_{0}$ mm 的公共轴线为基准轴线 A 并与底面的轴线距离为 (110 ± 0.05) mm。

2. $\phi55^{+0.025}_{0}$ mm 与 $\phi110^{+0.033}_{0}$ mm 的端面对于基准轴线的垂直度误差都为 0.05 mm。

3. $\phi55^{+0.025}_{0}$ mm 箱体端面为基准 B 面。

4. 蜗杆轴内孔为 $\phi52^{+0.025}_{0}$ mm，蜗杆轴线与基准端面 B 的距离为 (80 ± 0.1) mm。

5. 蜗杆轴的轴线与蜗轮的轴线距离为 (60 ± 0.05) mm。

九、蜗轮箱体加工时定位基准的选择

蜗轮减速箱体在加工 $\phi55^{+0.025}_{0}$ mm 与 $\phi110^{+0.033}_{0}$ mm 孔时以底平面 253 mm × 150 mm 为基

准。安装主轴心轴找正角铁与主轴的轴线距离（110±0.05）mm，将工件安装后用划线盘按线找正即可。

十、垂直相贯孔齿轮箱识图

垂直相贯孔是指齿轮箱体加工时的孔相互垂直或两孔同轴加工的形式。

十一、轴承孔的车床精度要求

1. 主轴回转误差

主轴的径向圆跳动误差使车削后的轴承孔产生圆度误差。

2. 主轴轴向窜动

在车削中主轴的回转在轴向位置发生窜动变化使轴承孔与端面不垂直。

3. 直线误差

导轨误差影响工件的形状及位置精度。导轨在纵向垂直平面内的直线度误差，在车削轴承孔时刀具在纵向车削过程中位置的高度发生变化影响工件的直线度并影响轴承孔的圆柱度。

4. 轴承孔精度要求

箱体上的轴承支承孔本身的尺寸精度、形状精度和表面粗糙度都要求较高，否则，将影响轴承与箱体孔的配合精度，使轴的回转精度下降，也易使传动件（如齿轮）产生振动和噪声。

5. 主要孔和平面相互位置精度

（1）同一轴线的孔应有一定的同轴度要求。同一轴线上孔的同轴度公差一般为 0.01 ~ 0.04 mm。

（2）轴承孔的轴线与箱体端面的垂直度和平行度。

（3）两轴承孔相互交错时的垂直度。

十二、垂直相贯孔齿轮箱定位基准的选择原则

由于箱体零件体积较大须经过多次装夹，应考虑基准统一原则，使孔的相互位置精度要求与加工表面的大部分工序尽可能用同一组基准定位，以保证装配基准与设计基准重合。

1. 粗基准的选择

加工定位平面的粗基准：定位平面的加工要求是与各主要轴承孔有一定的位置精度，以保证各轴承孔都有足够均匀的加工余量，并要求与不加工的箱体内壁有一定的位置精度以保证箱体壁厚均匀。在单件小批量生产条件下多采用划线安装法，以划线作为粗基准找正。

2. 精基准的选择

选用定位基准时最好采用箱体的设计基准，以减少定位误差。

理论知识辅导练习题

一、判断题（下列判断正确的请在括号内打"√"，错误的请在括号内打"×"）

1. 工件的安装次数越多，引起的误差就越大，所以在同一道工序中，应尽量减少工件的安装次数。　　　　　　　　　　　　　　　　　　　　　　　　　　（　　）

2. 加工箱体孔时花盘与角铁相互不垂直，对加工孔轴线的垂直度误差没有影响。

（　　）

3. 装夹箱体零件时，夹紧力的方向应尽量与基准平面平行。　　　　　　（　　）

4. 在箱体孔系的加工中，采用划线找正法来确定加工孔的位置，适用于大批量的生产。

（　　）

5. 箱体加工时一般都要用箱体上重要的孔作精基准。　　　　　　　　　（　　）

6. 在花盘角铁上装夹壳体类工件，夹紧力的作用点应尽量靠近工件的加工部位。

（　　）

7. 装夹箱体零件时，夹紧力的作用点应尽量靠近基准面。　　　　　　　（　　）

8. 车削具有立体交错孔的箱体类工件时，仅在卡盘上装夹，车削时无法保证两立体交错孔轴线的垂直度。　　　　　　　　　　　　　　　　　　　　　　　　（　　）

9. 加工减速箱体时，应先加工基准面，再以它作为定位基准加工其他部位。　（　　）

10. 车削箱体类零件上的孔时，如果车床主轴轴线歪斜，车出的孔会产生圆度误差。

（　　）

11. 定位公差是指工件定位时被加工表面的定位基准沿工序尺寸方向上的最大变动量。

（　　）

12. 加工箱体孔时箱体位置发生变动，对平行孔的平行度没有影响。　（　　）

二、单项选择题（下列每题有 4 个选项，其中只有 1 个是正确的，请将其代号填写在横线空白处）

1. 测量孔轴线与端面的垂直度时，要在孔内塞入心轴，心轴一端安装_____，让百分表的测量头在垂直于被测孔的工件端面上旋转心轴一周。

　　A. 百分表　　　　　B. 量块　　　　　C. 直角尺　　　　　D. 游标高度尺

2. 小型立体交错孔箱体，一般是利用_____装夹车削垂直孔。

　　A. 花盘　　　　　B. 花盘角铁　　　　　C. 专用夹具　　　　　D. 组合夹具

3. 车削具有多个平行孔的小型箱体类零件时，如果没有专用夹具，最好的办法是在_____上装夹。

    A. 花盘角铁   B. 三爪自定心卡盘

    C. 四爪单动卡盘   D. 组合夹具

4. 在花盘角铁上车削具有平行孔系的箱体时，由于_____，平行度要求容易保证。

    A. 基准统一   B. 基准重合   C. 装夹方便   D. 调整容易

5. 在花盘角铁上车削平行孔系的箱体类零件时，若箱体位置调整不到位，易造成_____误差。

    A. 平行孔尺寸之间   B. 平行孔的平行度

    C. 平行孔的孔距   D. 孔轴线与端面的垂直度

6. 车削具有平行孔系的箱体类零件时，车好第一个孔后，车削第二个孔时找正不正确，会产生_____误差。

    A. 平行孔的垂直度   B. 孔的尺寸

    C. 平行孔的平行度   D. 孔的粗糙度

7. 车削箱体上同一轴线上的两个同轴贯通孔时，产生同轴度误差的原因是_____。

    A. 车刀磨损   B. 刀柄刚性较差

    C. 切削用量不当   D. 箱体位置变动

8. 同一轴线的孔应有一定的_____的相互位置精度要求。

    A. 平行度   B. 同轴度   C. 垂直度   D. 尺寸

9. 由于箱体零件体积较大须经过多次装夹，定位箱体时应考虑_____原则。

    A. 基准统一   B. 工序分散   C. 工序集中   D. 重复定位

10. 垂直相贯孔齿轮箱加工时，在单件小批量生产条件下多采用_____找正安装法，以划线作为粗基准找正。

    A. 夹具   B. 划线   C. 三爪自定心卡盘   D. 一夹一顶

11. 检测时用检验棒同时伸过两个贯通同轴向孔，一是检验孔尺寸，二是检验_____。

    A. 平行度   B. 同轴度   C. 垂直度   D. 直线度

12. 被加工表面与_____平行的工件适合在花盘角铁上装夹加工。

    A. 安装面   B. 测量表面   C. 定位面   D. 基准面

13. 车削两半箱体同心的孔，组装后将两个工件同轴的孔同时加工，拆开后再次组装，工件的位置精度将_____。

    A. 下降   B. 不变   C. 提高   D. 不能判断

14. 检验箱体立体交错孔的垂直度时，在两孔内垂直放置测量心轴，其中一百分表测头水平顶在立孔测量心棒的圆柱面上，在另一水平放置的测量心轴上使箱体旋转_____后再测，即可确定两孔轴线在测量长度内的垂直度误差。

　　A. 60°　　　　　　　B. 90°　　　　　　　C. 180°　　　　　　　D. 270°

15. 将测量心轴插入基准孔和被测孔，如果检验心轴能自由通过，则说明_____符合要求。

　　A. 圆度　　　　　　B. 圆柱度　　　　　　C. 平行度　　　　　　D. 同轴度

16. 加工箱体孔时_____，对平行孔的平行度没有影响。

　　A. 车削中箱体位置发生变动　　　　B. 找正不准确

　　C. 花盘表面与主轴轴线有垂直度误差　　D. 刀杆刚性差

17. 加工箱体孔时，_____，对垂直孔轴线的垂直度误差没有影响。

　　A. 花盘与角铁不相互垂直　　　　B. 定位基准面的精度

　　C. 车削过程中，箱体位置发生变动　　D. 被加工孔的尺寸精度

18. _____生产立体交错孔零件时，必须设计制造一套保证加工质量的车床夹具。

　　A. 单件　　　　　B. 小批　　　　　C. 成批　　　　　D. 单件小批

19. 在精基准的选择中，选择加工表面的设计基准作为定位基准遵循了_____原则。

　　A. 基准重合　　　B. 互为基准　　　C. 自为基准　　　D. 保证定位可靠

20. 精镗交错孔时，镗刀刀尖应_____工件中心。

　　A. 对准　　　　　B. 严格对准　　　C. 略高于　　　　D. 略低于

21. 箱体通过夹紧装置的作用，可以使工件_____。

　　A. 待加工位置发生改变　　　　B. 定位更加准确

　　C. 产生变形　　　　　　　　　D. 保持可靠定位

22. 在箱体孔系的加工中往往箱口向上，错误的是_____。

　　A. 便于观察　　　　　　　　　B. 便于测量

　　C. 装夹辅助时间短　　　　　　D. 便于调整刀具

23. 检测交错孔的孔距时，当孔距精度要求较高，可用心轴和_____检验。

　　A. 卡钳　　　　　B. 游标卡尺　　　C. 百分表　　　　D. 千分尺

24. 采用花盘角铁装夹工件，角铁与花盘两平面夹角_____。

　　A. 成锐角　　　　B. 成钝角　　　　C. 应互相垂直　　D. 不做要求

25. 加工重要的箱体零件，为提高工件加工精度的稳定性，在粗加工后还需安排一次_____。

　　A. 自然时效　　　B. 人工时效　　　C. 调质　　　　　D. 正火

26. 测量垂直相交箱体的中心距，测量尺寸 M 的公差一般取中心距公差的_____。

    A. 1/3～1/2   B. 1/4～1/2   C. 1/5～1/2   D. 1/5～1/3

27. 成批生产交错孔零件时，一般采用粗精加工_____进行的原则。

    A. 分开   B. 合并   C. 交替   D. 同时

28. 大批量生产时往往采用一面两孔定位加工箱体，这时箱体口朝下，往往造成定位基准和_____不重合。

    A. 装配基准   B. 设计基准   C. 装配与设计基准 D. 辅助基准

29. 在花盘角铁上加工工件，为了避免旋转偏重而影响工件的加工精度，必须_____。

    A. 用平衡铁平衡   B. 使转速不要过高

    C. 选择较小的切削用量   D. 用加工的工件平衡

30. 装夹大型及某些形状特殊的畸形工件，为增加装夹的稳定性，可采用_____，但不允许破坏原来的定位状况。

    A. 支承钉   B. 支承板   C. 辅助支承   D. 可调支承

31. 在车床上加工减速器箱体上与基准面平行的孔时，应使用_____进行装夹。

    A. 花盘角铁   B. 花盘

    C. 四爪单动卡盘   D. 三爪自定心卡盘

32. 车削箱体类工件时，_____应适当降低，以防切削力使工件移动或变形。应使用支承钉作为定位元件与工件平面相接触。

    A. 刀具角度   B. 夹紧力   C. 切削用量   D. 工件硬度

33. 车削对开箱体同轴内孔时，应将两个箱体_____。

    A 分别加工   B. 加工后组装

    C. 组装后加工   D. 加工后组装再检验

34. 加工箱体类零件上的孔时，_____对垂直孔轴线的垂直度误差没有影响。

    A. 花盘与角铁定位面的垂直度   B. 定位基准面的精度

    C. 车削过程中，箱体位置发生变动 D. 被加工孔的尺寸精度

三、多项选择题（下列每题的多个选项中，至少有两个是正确的，请将其代号填写在横线空白处）

1. 测量箱体各孔中心距时，要用到的量具有_____。

    A. 百分表   B. 量块

    C. 刀口直尺   D. 游标高度尺

    E. 测量棒

2. 内孔为喇叭孔时，主要原因有_____。

  A. 主轴轴线与床鞍运动不平行　　　B. 床鞍磨损

  C. 钻头磨损　　　D. 车刀中途磨损

  E. 小滑板角度不正确

3. 一般加工箱体时用底面作为_____基准。

  A. 工序　　　B. 导向面

  C. 定位　　　D. 基准面

  E. 测量

4. 小批量生产箱体类工件时，往往粗、精加工合并进行，但在加工时采取减少切削用量，增加走刀次数，以减少_____的影响来保证加工精度。

  A. 背吃刀量　　　B. 切削力

  C. 切削热　　　D. 工件跳动

  E. 进给量

5. 下列对齿轮箱体类工件的加工顺序叙述错误的是_____。

  A. 先平面后孔　　　B. 先孔后面

  C. 先次后主　　　D. 先次要孔后重要孔

  E. 先粗后精

6. 箱体类工件的基准平面加工可以在车床上进行，也可在_____上进行。

  A. 钻床　　　B. 刨床

  C. 铣床　　　D. 齿轮机床

  E. 拉床

7. 箱体类工件成批生产时一般采用粗、精加工分开的方法进行，主要是消除由粗加工所带来的_____和切削热对工件加工精度的影响。

  A. 内应力　　　B. 切削力

  C. 夹紧力　　　D. 定位准确

  E. 加工速度

8. 多孔箱体工件的加工顺序要按照_____的原则安排。

  A. 先粗后精　　　B. 先主后次

  C. 先面后孔　　　D. 先孔后面

  E. 先下后上

9. 箱体孔的加工难点是孔的加工，而车孔的关键技术是解决车刀的_____问题。

  A. 锋利　　　B. 刚度

C. 冷却　　　　　　　　　　D. 排屑

E. 精度

10. 箱体类工件当孔距精度要求较高时，可用_____检测。

A. 心轴　　　　　　　　　　B. 长尺

C. 千分尺　　　　　　　　　D. 塞尺

E. 百分表

11. _____的同轴度应采用测量棒测量。

A. 箱体两端台阶孔轴线　　　B. 箱体两端孔轴线

C. 箱体平台与检验棒轴线　　D. 箱体平台与主轴

E. 箱体平台与轴心

12. 蜗轮壳体的加工，一般采用简单的夹具，比如使用_____安装，否则很难保证加工精度。

A. 花盘　　　　　　　　　　B. 四爪单动卡盘

C. 角铁　　　　　　　　　　D. 三爪自定心卡盘

E. 偏心夹具

参考答案及说明

一、判断题

1. √

2. ×。花盘与角铁必须相互垂直，否则加工孔轴线与花盘基准面的垂直度误差较大。

3. ×。装夹箱体零件时，夹紧力的方向应尽量与基准平面垂直。

4. ×。在箱体孔系的加工中，采用划线找正法来确定加工孔的位置，适用于单件小批量的生产。

5. ×。选用定位基准时最好采用箱体的设计基准，以减少定位误差。

6. √

7. ×。装夹箱体零件时，夹紧力的作用点应垂直基准面。

8. √　　9. √

10. ×。车削箱体类零件上的孔时，如果车床主轴轴线歪斜，车出的内孔为喇叭孔。

11. ×。定位误差就是工序基准在加工尺寸方向上的最大变动量。

12. ×。加工箱体孔时箱体位置发生变动，对平行孔的平行度影响较大。

二、单项选择题

1. A　2. B　3. A　4. A　5. D　6. C　7. D　8. B　9. A　10. B

11. B　12. D　13. A　14. C　15. D　16. D　17. D　18. C　19. A　20. C

21. D　22. C　23. D　24. C　25. B　26. A　27. A　28. C　29. A　30. C

31. A　32. C　33. C　34. D

三、多项选择题

1. ABE　　2. ABD　　3. ACE　　4. BC　　5. BCD

6. BC　　7. ABC　　8. ABC　　9. BD　　10. ACE

11. AB　　12. AC

第5章 组合件加工

考 核 要 点

理论知识考核范围		考核要点	重要程度
对称平分两半体零件（上下轴衬）加工	组合件加工校正	1. 轴瓦工件识图	★★★
		2. 精密校正对半平分线的方法	★
	两半体组合件加工	1. 对开轴承座识图	★★★
		2. 对开轴承座加工工艺	★★★
模具加工	液压缸模具加工	1. 液压缸工件与模具识图	★★
		2. 制定组合加工工艺方案的方法	★★
		3. 产品对型腔的设计要求	★
		4. 模具加工工艺	★★★
	齿轮模具加工	1. 直齿齿轮及模具识图	★
		2. 制定组合加工工艺方案的方法	★★
		3. 产品对型腔的设计要求	★
组合轴、套件加工	三偏心轴套加工	1. 偏心轴套组合工件识图	★★
		2. 组合工件加工技术	★★
		3. 测量知识	★★
	锥体偏心四件组合件加工	1. 锥度偏心四件组合件识图	★★★
		2. 用两个相等直径的量棒测量锥体小端直径的方法	★
		3. 简易间接测量内锥孔大头直径尺寸的方法	★
	螺杆组合件加工	1. 螺杆五件组合件识图	★★
		2. 锥度知识	★★★
	梯形螺纹偏心组合工件	1. 梯形螺纹偏心组合工件	★★
		2. $S\phi58$ mm 球面的加工	★
		3. 内梯形螺纹车刀的角度计算与刃磨	★
		4. 工件质量标准要求	★★

注："重要程度"中"★"为级别最低，"★★★"为级别最高。

重点复习提示

一、轴瓦工件识图

1. 轴瓦尺寸

（1）轴瓦工件为两个半圆体组成的套类工件。工件内孔有油槽，油槽上有注油孔。

（2）工件两端有大的外圆台阶直径。

2. 轴瓦概念

轴被轴承支承的部分称为轴颈，与轴颈相配的零件称为轴瓦。为了改善轴瓦表面的摩擦性质而在其内表面上浇铸的减摩材料层称为轴承衬。轴瓦和轴承衬的材料统称为滑动轴承材料。

滑动轴承轴瓦分为剖分式和整体式结构。

二、精密校正对半平分线的方法

使用游标高度尺找正时，工件两侧的侧母线各用一个游标高度尺，转动工件使游标高度尺的示值等高。然后旋转工件180°，再用游标高度尺检测工件两侧的侧母线，是否同高，如果不同值，证明两半轴瓦不对称，需要继续调整工件位置。

用划线盘找正时，两侧的侧母线用一个划线盘，从前面转到端面，再转到后面进行找平，找平后，工件旋转180°，继续转圈找平，直至划线盘不再需要进行调整为止。

三、对开轴承座识图

此轴承座孔属于对开式样，上下体按照中间基准面扣合后进行轴承孔的加工。需要将中间基准面加工和找正准确。

（1）轴承孔 ϕ（80±0.02）mm，长 45 mm，表面粗糙度 $Ra \leq 1.6$ μm。

（2）内孔 ϕ68 mm，长 53 mm。

（3）密封槽 ϕ60 mm，角度 40°，槽宽 6 mm，槽底宽 2 mm。

（4）传动轴密封孔 ϕ49 mm，表面粗糙度 $Ra \leq 3.2$ μm，长 81 mm，ϕ49 mm 左端面距中心线 40.5 mm。

（5）底座基准面距轴承座中间基准面中心高 65 mm。轴承座上盖与下盖各有凸凹台 5 mm 高扣合直口。

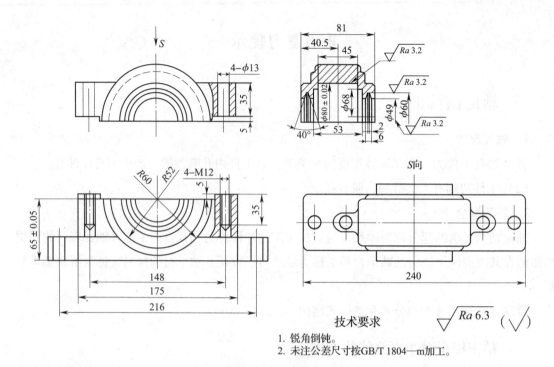

技术要求
1. 锐角倒钝。
2. 未注公差尺寸按GB/T 1804—m加工。

对开密封轴承座

四、对开轴承座加工工艺

车削轴承座孔是一种常见的车削加工，轴承座有多种类型，一般轴承座孔的加工与前面介绍的车削方法相同，现在主要介绍利用花盘、角铁车削对合轴承座孔，即对开密封轴承座轴承孔的加工工艺。

在加工这种对合轴承座孔的时候，刀具不能从外面直接车削进去，车削时，中间看不见，而且孔的精度要求很高，测量又有难度。分析工件的结构特点，由于它是由上盖下座两部分组成的，在加工时上盖可以拆除，使原来看不见、摸不到的中间一段轴承孔完全暴露出来，为克服加工和测量中的困难创造了有力条件。

1. 工件的装夹和校正

在上盖下座间垫一层厚0.1～0.2 mm的垫片，选择工件底面作为定位基准面，用螺钉紧固工件在花盘角铁上。在车第一件时，按孔至基准面尺寸要求，校正工件高低位置，并按上盖下座定位槽的对称要求，校正工件的左右位置，以后则不必每件校正。

2. 粗、精车 ϕ49 mm 的孔和 ϕ60 mm 梯形槽

在靠近端部的内孔车削，这样可允许伸进轴承孔去车削的刀杆相应做得粗一些。

3. 粗车轴承孔

由于密封轴承座的口小、腔大，刀具装夹后车削内腔时，看不见车削情况，因此需要先拆除上盖对刀。将车刀摇进去，直至内腔轴承孔位置（即 $\phi80$ mm 孔的位置）。用手转动花盘，观察并检查刀杆在车削时是否与 $\phi49$ mm 端面孔的孔壁相碰。然后在下座的轴承孔内腔位置上，粗车一段较短的距离，供测量用，根据直径测得的读数，在中拖板刻度盘上记好刻度数。同时根据工件长度的要求，在床鞍刻度盘上记好刻度数或在刀杆上做好记号。然后装上上盖，再根据床鞍刻度盘（或刀杆）上的记号，就可以把孔一次粗车好。采用上述方法，主要是将粗刀杆先放进 $\phi80$ mm 孔内，能够在看不见、摸不到的困难条件下加工好工件。

4. 精车轴承孔

拆除上盖，与粗车孔的方法一样，先在下座上，车一段较短的距离，接着测量孔径实际尺寸，求出它与图样要求尺寸的差值，然后即可装上上盖，精车内孔。可以在精车一段距离后停车，拆除上盖，测量一次。或拆除上盖后，用所配的滚珠轴承去试配，如所配轴承能用手轻轻压进，而无松动，就说明孔径尺寸符合要求，即可把车刀摇进孔内，装上上盖后进行精车。

5. 车削轴承孔两侧面

分别用两块主偏角为 90° 的车刀，装在刀杆孔内，采用车削轴承的相似方法，横向走刀车削轴承孔两端面，使其符合内腔宽度尺寸要求，并和已车好的轴承孔直径尺寸接平。

6. 其他车削两半体工件对称半圆孔的方法

若上盖下座的接触平面不在轴承中心线上，则其中总有一只因超过半个圆而装不进轴承。因此在车对合工件时，必须使上盖与下座的接触平面通过孔的中心，这也就是加工对合工件的主要问题。

若对合工件的数量较多，可以利用辅助工具来定位上、下轴承座的分界线位置。用定好尺寸的游标高度尺去校正辅助工具座的左右对称位置。

五、液压缸工件与模具识图

液压缸零件的模具加工如下图所示。

（1）液压缸铸造模具是由两块料组成的合模。

（2）孔直径（20 ± 0.3）mm，与油泵体相通，倒角 $R2$ mm。

六、制定组合加工工艺方案的方法

液压缸是铝制材料，加热后温度很高，所以液压缸浇铸模具的材料选用热作模具钢 H13。

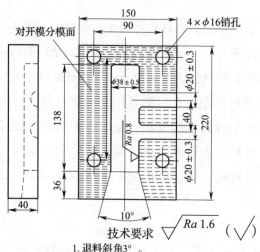

技术要求

1. 退料斜角3°。
2. 未注公差尺寸按GB/T 1804—m加工。
3. 铸造圆角R2mm。

液压缸

　　模具采用对开形式，当浇铸完成铸件冷却后便于取出。模具加工时用定位销将两件组合，安装在四爪单动卡盘上加工。模具体垂直度误差要小于0.1 mm，平面度误差要小于0.05 mm。工件组合后选定基准面在平板上划出中心线及垂直线，用于找正。

　　工件安装后可以用百分表或直角尺找正端面与主轴轴线的垂直度，检测侧面与主轴轴线的平行度。

　　工件翻转90°后，要找正出油孔中心线与油泵轴线的垂直度误差，还需要在孔内安装工艺堵。工艺堵的内端面为内圆弧R3作为浇铸工件圆角，外圆直径表面直纹滚花，便于排气。

七、产品对型腔的设计要求

　　型腔是工件（毛坯料）成形的模具部位，起到盛料的作用。模具型腔加工后，要对型腔内壁表面进行修光、研磨，使表面粗糙度 $Ra \leqslant 0.8$ μm 或更高。拔模斜角一般取 3°~5°，型腔加工后需要钳工修整。

八、模具加工工艺

　　（1）毛坯料用铣床加工好各面尺寸，垂直度误差控制在0.05 mm以内。上下模配钻孔、铰孔用直销将两件连接在一起。

　　（2）工件装夹后，需进行找正，要求基准面与主轴轴线垂直且与卡盘面平行。

（3）淬火开模后，手工抛光各表面，要求 $Ra \leq 0.4$ μm。

九、直齿齿轮及模具识图

成批加工直齿齿轮零件，作出模具图进行加工。

（1）齿轮模具是由上模和下模两块料组成的合模。

（2）下模有拔模"梢"（拔模圆锥斜角）。

（3）上模在端面上车削环形飞边槽。

十、制定组合加工工艺方案的方法

齿轮加热后温度很高，所以模具的材料选用热锻模材料 5CrMnMo，模具采用对开形式。上模加工有环形飞边槽。下模中心处 $\phi 17$ mm 圆柱车削 3.5° 拔模圆锥斜角。车削内孔有拔模圆锥斜角。各个加工表面粗糙度 $Ra \leq 1.6$ μm，便于退料。

各件加工好后组合进行试模，向模具内浇铸石蜡，待石蜡冷却后开模，观察石蜡是否能够整体出模，如果能够出模，检测石蜡的外形尺寸是否符合要求。

十一、产品对型腔的设计要求

型腔是工件（毛坯料）成形的模具部位，起到盛料的作用。模具型腔加工后要对型腔内壁表面进行修光、研磨，使表面粗糙度 $Ra \leq 0.8$ μm 或更高。拔模斜角一般取 3°~7°。

十二、偏心轴套组合工件识图

偏心轴套组合工件如下图所示。

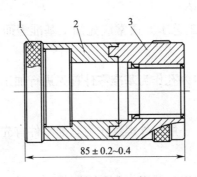

$85 \pm 0.2 \sim 0.4$

偏心轴套组合工件

1—偏心轴　2—偏心套　3—螺纹套

偏心轴套组合工件由 3 件组成，1 和 2 件有偏心轴套配合，1 和 3 有螺纹配合，2 和 3 在与 1 件配合时，外圆直径保持直线度。装配后要求全长为 85 ± 0.2 mm。

十三、组合工件加工技术

1. 分析和解决组合工件加工中产生的质量问题

（1）解决组合工件间同轴度问题

当工件组合后两（或两件以上）工件外圆表面处出现一高一低现象，这是工件在加工中由于装夹或工艺系统原因所造成的。加工中重要的配合表面应在一次装夹中完成加工。有的组合工件也可以在外圆表面留出加工余量，在组合后统一加工外圆表面。

（2）解决组合工件间平行度问题

工件组合后两端面间隙不一致的原因有以下两种。

1）基准工件轴线不同轴，造成在加工中同轴度误差，导致两件或多件端面不平。

2）由于装夹中误差，使加工出的台阶面平行度误差较大。

2. 解决车削组合工件时的关键问题

（1）根据工艺确定基准零件，分析组合件的装配关系

首先确定基准零件，基准零件直接影响组合件装配后，零件间的相互位置精度。

（2）首先车削基准零件

组合件加工时，应首先车出基准零件，然后根据装配关系的顺序，依次车削组合件的其他零件。

（3）保证组合件的装配精度要求

车削组合件其余零件时，一方面应按基准零件车削时的要求进行，另一方面更应按配合后实际测量结果相应调整，充分使用配车、配研等手段以保证组合件的装配精度要求。

（4）拟订组合件的加工方法

要分别拟订各零件的加工工艺卡。通常应先加工基准表面，然后加工零件上的其他表面，加工原则如下。

1）孔和轴的配合。一般将内孔作为基准零件首先进行加工，因为孔的加工难度大于外圆表面的加工。

2）内、外螺纹的配合件。一般以外螺纹作为基准零件首先加工，然后加工内螺纹，这是因为外螺纹便于测量。

3）内、外圆锥的配合件。以外圆锥为基准零件首先进行加工，然后加工内圆锥，便于控制尺寸。

4）偏心零件的配合加工。基准零件为偏心轴，以便于检查。根据装配顺序加工偏心套和其他零件。

3．车削基准零件时的注意事项

（1）影响零件配合精度的尺寸，应尽量加工至极限尺寸的中间值，加工误差应控制在图样允许的中间值。

（2）圆锥体配合时，车削时车刀刀尖应与轴线等高，避免产生双曲线误差。

（3）偏心件配合时，偏心部分的偏心量应一致，加工误差应控制在允许误差的1/2，偏心部分轴线平行于零件基准轴线。

（4）有螺纹配合时，螺纹应车削制成。一般不使用板牙、丝锥加工以保证同轴度要求。螺纹中径尺寸，对于外螺纹应控制在最小极限尺寸，对于内螺纹应控制在最大极限尺寸，使配合间隙更大一些。

十四、测量知识

偏心轴、套的偏心距找正值，往往用偏摆仪或磁力表座进行测量。

在测量时，都是用手将工件转动，进行圆跳动检验，观察百分表值的变化，从而确定偏心值，例如偏心为（2±0.02）mm时，百分表显示值应为两倍的（2±0.02）mm，即（4±0.04）mm。如果显示公差范围在0值一侧为0.08 mm则不合格。

十五、锥度偏心四件组合件识图

如下图所示为锥度偏心四件组合件，对此进行加工。锥体偏心组合件由四件零件组成。含偏心轴孔配合、锥度配合，多件外圆与内孔统一配合，四件连接后的长度尺寸配合间隙、外径尺寸的同轴度等。

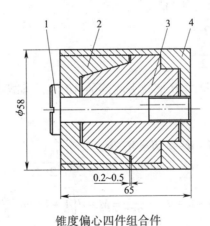

锥度偏心四件组合件

1—丝杆　2—外锥套　3—锥度偏心轴　4—偏心套

十六、用两个相等直径的量棒测量锥体小端直径的方法

外锥面的直径尺寸控制，需要间接测量锥度小头尺寸。采取一定的加工方法和检测方法。

用两个相等直径的量棒测量锥体小端直径的方法如下图所示。

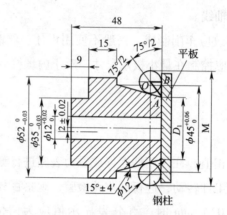

用量棒测量锥体小端直径

测量时，将相等直径的量棒对称放置锥体小头，用平板挡在端面上，用千分尺测量两端的量棒外径，得尺寸 M 值。

由于锥度斜角为 $15°$，量棒被夹余角为 $90° - 15° = 75°$，又由于圆量棒两面与锥面母线和平板平面相切，故以锥面与平板平面的交点划线通过圆棒中心为等分线，因此这条等分线平分余角 $75°$，为 $75°/2 = 37.5°$。在锥面、平板平面和圆棒中心形成 ABO 直角三角形。利用 ABO 直角三角形的正切计算直边 AB 值。

已知 $BO = d/2$，$AB = \dfrac{d/2}{\tan\dfrac{75°}{2}}$

已知 AB 值后，用已经测量的 M 值减去两侧的 AB 值，再减去两侧的圆棒的半径值，可得出圆锥体小端直径为

$$D_1 = M - d - 2AB = M - d - 2\,\frac{d/2}{\tan\dfrac{75°}{2}}$$

$$= M - d - d\,\frac{1}{\tan\dfrac{75°}{2}} = M - d\left(1 + 1/\tan\dfrac{75°}{2}\right)$$

$$= M - d\ (1 + 1/\tan37.5°)$$

式中　D_1——圆锥体小端直径，mm；

M——量棒测量读数值，mm；

d——量棒直径，mm。

十七、简易间接测量内锥孔大头直径尺寸的方法

以锥孔边缘尺寸间接测量锥孔大端尺寸的方法，如下图所示。

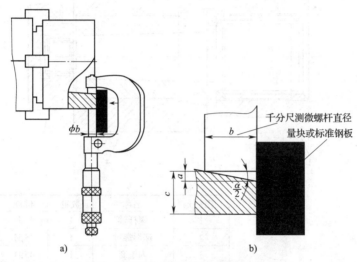

锥孔大端尺寸测量方法

a）千分尺靠在标准钢板上，测量壁厚值 C　b）利用千分尺测微螺杆直径计算锥孔大头尺寸

采用一标准量板，固定靠在工件端面上（工件端面要求平面度，要求与轴线垂直），测量千分尺测微螺杆直径 b 值，用千分尺测微螺杆在锥孔里面紧靠钢板，测量壁厚读数 c 值，如图 a 所示。读数原理如图 b 所示，在测量区形成直角三角形区域。即测量宽度 b 为邻边，斜角 α 为锥度斜角，对边 $a = b \times \tan\dfrac{\alpha}{2}$，设外圆直径为 d，锥孔大头尺寸为 D，则锥孔大头尺寸为：用外径尺寸减去两边的 $c-a$，即用外径尺寸减去 2（$c-a$），就求得锥孔大头尺寸。

$$D = d - 2c + 2b\tan\frac{\alpha}{2} = d + 2\left(b\tan\frac{\alpha}{2} - c\right)$$

十八、螺杆五件组合件识图

对螺杆五件组合件进行加工。有件 1 螺杆轴，件 2 梯形螺母，件 3 内锥套 ，件 4 外锥套，件 5 螺母，如下图所示。

件 1 与件 2 为梯形螺杆配合连接，件 1 与件 4 为莫氏 3 号锥度连接，件 3 与件 4 为锥度及圆柱配合连接，件 5 与件 1 为螺纹锁紧连接。

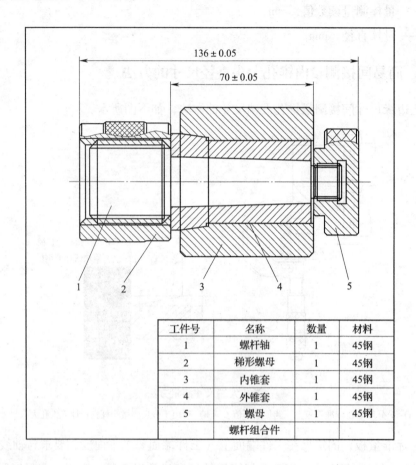

工件号	名称	数量	材料
1	螺杆轴	1	45钢
2	梯形螺母	1	45钢
3	内锥套	1	45钢
4	外锥套	1	45钢
5	螺母	1	45钢
	螺杆组合件		

螺杆五件组合件

1—螺杆轴　2—梯形螺母　3—内锥套　4—外锥套　5—螺母

十九、锥度知识

7:24 锥度为常见铣床主轴处刀具的配合锥度，7:24 配合长度较短，但尺寸变化较大。

二十、梯形螺纹偏心组合工件

1. 梯形螺纹偏心组合工件

梯形螺纹偏心组合工件由四件零件组成，如下图所示。含件 1 偏心螺杆与件 3 内外偏心套内孔偏心配合，件 1 偏心螺杆与件 2 球形套的梯形螺纹配合，件 2 球形套与件 3 内外偏心套的端面槽配合，件 3 内外偏心套与件 4 偏心套的偏心配合。

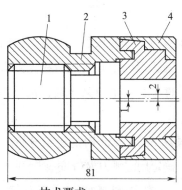

技术要求
1. 锐边倒钝。
2. 未注公差尺寸按GB/T 1804—m加工。

梯形螺纹偏心组合工件

1—偏心螺杆 2—球形套 3—内外偏心套 4—偏心套

2. 偏心螺杆

偏心螺杆件 1 的作用是贯通 2、3、4 件,将组合件连在一起,装配成一体。

3. 球形套

球形套件 2 与件 1、3 相连接,是螺纹与曲线为一体的较难加工件。

4. 内外偏心套

内、外偏心套件 3 的内外表面与件 1、2、4 全部连接,是控制尺寸较难的一个装配件。

5. 偏心套

偏心套件 4 只与件 3 连接,是右端部的偏心连接。

6. 图样分析

梯形螺纹偏心组合工件的图样分析主要有以下几个方面。

(1)件 1 为偏心螺杆,为三线梯形螺纹,右侧有偏心轴;偏心为 (2 ± 0.02) mm。

(2)件 2 球形套内有三线梯形螺纹,加工螺旋升角大,内螺纹刀杆又细,加工上有一定困难。球形套外部为球形曲线的一部分,需要运用弧形刀具车削。球形套的右端部为端齿,需要与件 3 的凹槽进行配合。

(3)件 3 为内、外偏心套,内孔向下偏心 1 mm,外径向上偏心 2 mm,因此需要划线、找正处理。

(4)件 4 为偏心套,内孔处有 2 mm 偏心值,在 3 件与 4 件的接合部有 1∶5 锥度研合。

二十一、Sϕ58 mm 球面的加工

Sϕ58 mm 球面尺寸精度及轮廓度的控制,一般采取双手赶刀法,但精度与表面粗糙度难以保证,需要采取一定的加工方法和检测方法。

1. 用坐标法车削圆球

圆弧刀在车削圆球时，圆弧刃与工件的接触点可设定为若干个，圆弧刀圆弧刃车削工件的外圆弧时，走的是圆弧曲线，圆弧刀的中心轨迹也在走圆弧曲线，从工件中心划圆，圆弧刀的中心轨迹的圆弧线要大于工件半径一个刀具半径，按照圆球刀的中心运行轨迹坐标就可以将圆弧曲面车削出来。

2. 用圆弧刀 *R*5 mm 车削圆球 *S*φ52 mm 时的进给分析

参照车工高级教程图 5—47，确定用圆弧刀 *R*5 mm 车削圆球 *S*φ52 mm 时的进给依次的角度。

右侧作为起刀坐标第一点。将整个圆弧球面首尾分成 58.85°、60°、65°、70°、75°、80°、85°、90°、95°、100°、105°、110°、115°、120°、121.15°共 15 个坐标点。

（1）计算起点夹角和坐标值。

$$\cos\alpha = \frac{15}{29} = 0.517 , \quad \alpha = 58.85°$$

$$x = 34 \times \cos 58.85° = 17.59 \text{ mm}$$

$$y = 34 \times \sin 58.85° = 29.1 \text{ mm}$$

（2）计算圆弧曲线赶刀时，15 个坐标点的 *R*5 mm 刀中心 *x*、*y* 坐标值。

（3）右侧起点对刀

1）*x*、*y* 右起点都设为 0 时，*y* 以外径对刀，中滑板刻度盘对刀值拨至单面为 34 mm（双面为 68 mm 值），然后摇中滑板到达零点，即坐标起始点。*x* 以右端面对刀，初对刀时为：球体一半厚 15 + 刀具半径 5 = 20 mm，由于初始坐标为 17.59 mm，因此对刀后，将刀向外摇出，将小滑板向球中心摇进 20 - 17.59 = 2.41 mm，此时刀具到达 *x* 坐标位置，将小滑板刻度盘对零。

2）车削时，在右半球应中滑板先退刀，小滑板后进刀；在左半球应小滑板先进刀，中滑板后进刀。

3）以上 *y* 坐标值为单面值。

二十二、内梯形螺纹车刀的角度计算与刃磨

【例】求工件螺纹升角

$$\tan\varphi = \frac{nP}{\pi d_2} = \frac{3 \times 6}{\pi \times 29} = 0.1976$$

$$\varphi = 11.176°$$

得 $\varphi = 11.176°$

即刀具后角为 11.176° + *α* 和 11.176° - *α*，内螺纹车刀的牙型本来就小，磨得太虚时，

容易将刀折断。

二十三、工件质量标准要求

按梯形螺纹偏心组合工件图所示达到需要的加工技术标准。

1. 偏心螺杆

加工件 1 偏心螺杆头部偏心轴径时，为防止夹伤螺纹部分，应该用两顶尖支顶车削，或加开口套车削。

2. 球形套

（1）Tr32 三线内螺纹车削时，往往由于多线导程角大，车削区的各种刀具角度，发生了较大的改变。多线螺纹的导程角要进行计算，为刀具角度的刃磨准备数据。

（2）$S\phi58$ mm 球体轮廓度 0.2 mm 要按照正确的加工方法加工，保证球体的轮廓尺寸公差在要求的范围以内。

3. 内、外偏心套

（1）内、外偏心套的内、外径向对称方向偏心，即以 $\phi36$ mm 的轴线为偏心基准，内孔 $\phi20$ mm 相对于 $\phi36$ mm 的轴线偏心 1 mm，而外台阶 $\phi42$ mm 相对于 $\phi36$ mm 的轴线偏心 2 mm，但是外圆 $\phi42$ mm 的偏心与内孔 $\phi20$ mm 的偏心在 180°的对称方向上。找正时要划对称线，保证 180°对称偏移的角度在误差允差范围。

（2）啮合沟槽宽度 $4^{+0.04}_{+0.01}$ mm 要逐渐车成宽度尺寸，与啮合凸台进行配作。

（3）$\phi20^{+0.021}_{0}$ mm，$Ra1.6$ μm 通过钻、扩、铰完成加工。

4. 偏心套

（1）偏心套的车削注意内孔 $\phi42$ mm 偏心值的控制与找正。

（2）$\phi58^{0}_{-0.019}$ mm，$Ra1.6$ μm 外径与 $\phi56^{+0.03}_{0}$ mm，$Ra1.6$ μm 内径属于薄壁部分，检查圆度 0.013 mm 变形。

（3）锥面大头 $\phi56^{+0.03}_{0}$ mm，$Ra1.6$ μm 要进行直径尺寸的检测。

（4）偏心内止口 $\phi42$ mm，要考虑偏心值（2±0.02）mm 和尺寸值。

5. 装配

在装配后，2、4 件的 $\phi58$ mm 需要进行一次精车。

理论知识辅导练习题

一、判断题（下列判断正确的请在括号内打"√"，错误的请在括号内打"×"）

1. 组合件加工时，应首先车出孔零件。　　　　　　　　　　　　　　（　　）

2. 组合件加工中，基准零件若有螺纹配合，则应用板牙和丝锥加工成形。　　（　　）

3. 组合件加工时，对于外螺纹应控制在最小极限尺寸。　　　　　　　　　（　　）

4. 轴瓦工件为一个圆体组成的套类工件。　　　　　　　　　　　　　　　（　　）

5. 齿轮加热后温度很高，所以模具的材料选用热锻模材料5CrMnMo，模具采用对开形式。　　　　　　　　　　　　　　　　　　　　　　　　　　　　　　　　（　　）

6. 模具型腔加工后，使表面粗糙度 $Ra \leqslant 1.6 \ \mu m$ 或更高。　　　　　　（　　）

7. 组合工件的外圆表面不允许留出加工余量，在组合后统一加工外圆表面。（　　）

8. 工件组合后两端面间隙不一致，造成的原因是基准工件轴线不同轴误差，导致两件或多件端面不平。　　　　　　　　　　　　　　　　　　　　　　　　　　　（　　）

9. 以锥孔端面部分外圆尺寸，利用外径千分尺间接可测量锥孔大端尺寸。（　　）

10. 用量棒不能测量锥体小端直径。　　　　　　　　　　　　　　　　　　（　　）

二、单项选择题（下列每题有4个选项，其中只有1个是正确的，请将其代号填写在横线空白处）

1. 轴瓦和轴承衬的材料统称为_____轴承材料。

　　A. 滚动　　　　　　　　　　　　　B. 平面

　　C. 滑动　　　　　　　　　　　　　D. 推力

2. 在车削口小、腔大的密封轴承座时，为了精确掌握轴承的直径车削尺寸，需要_____。

　　A. 外端面　　　　　　　　　　　　B. 拆除上盖对刀

　　C. 摸索着对刀　　　　　　　　　　D. 不断打开上盖，观察车削情况

3. 上下模装配钻孔和铰孔，用_____将两件连接在一起。

　　A. 锥销　　　　　　　　　　　　　B. 削边销

　　C. 直销　　　　　　　　　　　　　D. 螺栓

4. 上下模加工时，工件模腔_____。

　　A. 不一定有环形飞边槽　　　　　　B. 有倒角

　　C. 为直边　　　　　　　　　　　　D. 有拔模梢

5. 拔模斜角的作用是_____。

　　A. 起模顺利　　　　　　　　　　　B. 省料

　　C. 好看　　　　　　　　　　　　　D. 盛料

6. 组合件找正时应注意_____。

　　A. 内外圆同轴度　　　　　　　　　B. 校正对分线对床面导轨的平行度

　　C. 焊接程度　　　　　　　　　　　D. 缺陷

7. 组合件加工时，对于外螺纹应控制在_____。

    A. 最小极限尺寸   B. 最大极限尺寸

    C. 允许误差的 1/2   D. 允许误差的 1/3

8. 偏心轴、套的偏心距 2 ± 0.02 找正时，百分表跳动值为_____。

    A. 2 ± 0.02 B. 2 ± 0.04

    C. 4 ± 0.04 D. $4^{+0.08}_{0}$

9. 正弦规进行测量时，垫进量块高度 H 的公式为_____。

    A. $H = L\tan\alpha$ B. $H = L\cot\alpha$

    C. $H = L\cos\alpha$ D. $H = L\sin\alpha$

10. 确定加工顺序和工序内容、加工方法、划分加工阶段，安排热处理、检验及其他辅助工序是_____的主要工作。

    A. 拟订工艺路线   B. 拟订加工工艺

    C. 填写工艺文件   D. 审批工艺文件

11. 螺纹的配合精度主要是取决于螺纹中径的_____。

    A. 公差   B. 偏差

    C. 实际尺寸   D. 公称尺寸

12. 车削对配圆锥，常用_____进行加工。

    A. 靠模法   B. 偏移尾座法

    C. 宽刃刀车削法   D. 转动小滑板法

13. 组合件加工中，基准零件若有螺纹配合，则应用_____加工成形。

    A. 板牙   B. 丝锥

    C. 板牙和丝锥   D. 车削

14. 组合件加工时，应先车削_____，再根据装配关系的顺序，依次车削组合件中的其余零件。

    A. 锥体配合   B. 偏心配合

    C. 基准零件   D. 螺纹配合

15. 下面哪一个对装配基准的解释是正确的_____。

    A. 装配基准是虚拟的   B. 装配基准和定位基准是同一个概念

    C. 装配基准真实存在   D. 装配基准和设计基准一定重合

16. 组合件中，基准零件有偏心配合，则偏心部分的偏心量应一致，加工误差应控制在图样要求的_____。

    A. 1/3   B. 1/4

C. 1/2　　　　　　　　　　D. 都不是

17. 一个尺寸链封闭环的数目_____。

　　A. 一定有两个　　　　　　B. 一定有三个

　　C. 只有一个　　　　　　　D. 可能有三个

18. 设计图样上采用的基准称为_____基准。

　　A. 工艺　　　　　　　　　B. 设计

　　C. 定位　　　　　　　　　D. 测量

19. 组合夹具的调整，主要是对_____进行调整。

　　A. 定位件和压紧件　　　　B. 定位件和支承件

　　C. 定位件和导向件　　　　D. 压紧件和支承件

20. 蜗杆与蜗轮的轴线在空间呈_____交错状态。

　　A. 任意　　　　　　　　　B. 垂直

　　C. 平行　　　　　　　　　D. 交错

21. 大型对半平分套筒工件直径与长度尺寸较大，这类工件往往都是_____毛坯，经平面加工后，合在一起装在车床上找正加工。

　　A. 锻件　　　　　　　　　B. 焊接件

　　C. 铸造　　　　　　　　　D. 整体

22. 滑动轴承配合中，轴被轴承支承的部分称为轴颈，与轴颈相配的零件称为_____。

　　A. 支承套　　　　　　　　B. 同心套

　　C. 轴承　　　　　　　　　D. 轴瓦

23. 加工对合轴承座孔的时候，上盖可以不安装，目的是为了_____。

　　A. 减轻质量　　　　　　　B. 瞭望方便

　　C. 怕松动　　　　　　　　D. 解决偏重

24. 浇铸模具的材料选用热作_____。

　　A. 模具钢 H13　　　　　　B. 锻造模具钢 5CrMnMu

　　C. 调质钢 40Cr　　　　　　D. 中碳钢 45

25. 模具加工时用定位销将两半体组合，安装在_____上加工。

　　A. 三爪自定心卡盘　　　　B. 四爪单动卡盘

　　C. 花盘　　　　　　　　　D. 偏心卡盘

26. 模具在四爪单动卡盘上安装后可以用百分表或直角尺找正端面与主轴轴线的_____。

A. 位置度 B. 平面度

C. 垂直度 D. 平行度

27. 模具在四爪单动卡盘上安装后，要检测侧面与主轴轴线的_____。

A. 位置度 B. 平面度

C. 垂直度 D. 平行度

28. 模具还需要在孔内安装工艺堵。工艺堵的外圆直径表面直纹滚花，_____。

A. 便于排气 B. 美观大方

C. 容易拿 D. 产生摩擦力

29. 模具型腔加工后，要对型腔内壁表面进行修光、研磨，使表面粗糙度达到_____。

A. $Ra \leq 1.6\ \mu m$ B. $Ra \leq 0.8\ \mu m$

C. $Ra \leq 3.2\ \mu m$ D. $Ra \leq 6.3\ \mu m$

30. 液压缸模具型腔加工时，拔模斜角一般取_____，型腔加工后需要钳工修整。

A. $3° \sim 5°$ B. $5° \sim 8°$

C. $0° \sim 3°$ D. $8° \sim 10°$

31. 模具上下模通过配钻孔、铰孔，用_____将两件连接在一起。

A. 削边销 B. 直销

C. 锥销 D. 螺钉

32. 模具淬火开模后，手工抛光各表面为_____。

A. $Ra \leq 0.4\ \mu m$ B. $Ra \leq 0.8\ \mu m$

C. $Ra \leq 1.6\ \mu m$ D. $Ra \leq 3.2\ \mu m$

33. 齿轮模具的上模在端面上车削_____。

A. 储存料槽 B. 油槽

C. 漏边槽 D. 环形飞边槽

34. 齿轮模具在_____车削拔模"梢"（拔模圆锥斜角）。

A. 上模 B. 下模

C. 漏模 D. 翻边模

35. 当工件组合后两工件外圆表面处出现一高一低现象，这是工件在加工中存在_____问题。

A. 平行度 B. 直线度

C. 同轴度 D. 平面度

36. 切实可行解决工件组合后两工件外圆表面处出现一高一低现象方法为，_____。

A. 在组合后统一加工外圆表面　　　　B. 加工每一个件都要检验同轴度误差

C. 每一个件都要"一刀活"　　　　　D. 装夹中杜绝误差

37. 组合件加工时，应首先车出_____零件，然后根据装配关系的顺序，依次车削组合件的其他零件。

A. 轴　　　　　　　　　　　　　B. 基准

C. 孔　　　　　　　　　　　　　D. 螺纹

38. 组合件的加工原则：一般将_____作为基准零件首先进行加工，因为其加工难度大。

A. 内孔　　　　　　　　　　　　B. 外圆

C. 圆锥　　　　　　　　　　　　D. 外螺纹

39. 组合件的加工原则：一般以_____作为基准零件首先加工，这是因为其便于测量，然后加工内螺纹。

A. 内孔　　　　　　　　　　　　B. 外圆

C. 内螺纹　　　　　　　　　　　D. 外螺纹

40. 组合件的加工原则：以_____作为基准零件首先进行加工，便于控制其尺寸，然后加工内圆锥。

A. 内孔　　　　　　　　　　　　B. 外圆

C. 外圆锥　　　　　　　　　　　D. 内圆锥

41. 组合件的加工原则：基准零件为_____，以便于检查。根据装配顺序加工偏心套和其他零件。

A. 内孔　　　　　　　　　　　　B. 外圆

C. 偏心套　　　　　　　　　　　D. 偏心轴

42. 为了不影响零件配合精度的尺寸，加工误差应控制在图样允许的_____。

A. 上偏差　　　　　　　　　　　B. 中间值

C. 下偏差　　　　　　　　　　　D. 零值

43. 偏心件配合时，偏心部分轴线_____于零件基准轴线。

A. 倾斜　　　　　　　　　　　　B. 垂直

C. 同轴　　　　　　　　　　　　D. 平行

44. 有螺纹配合时，对于外螺纹应控制在_____最小极限尺寸。

A. 大径　　　　　　　　　　　　B. 中径

C. 小径　　　　　　　　　　　　D. 公称直径

45. 偏心轴、套的偏心距找正值，往往用偏摆仪测量_____值。

A. 圆跳动　　　　　　　　　B. 垂直度

C. 同轴度　　　　　　　　　D. 平行度

46. 7∶24 锥度为常见_____主轴与刀具的配合锥度。

A. 车床　　　　　　　　　　B. 铣床

C. 磨床　　　　　　　　　　D. 镗床

47. 多平行孔工件的加工要保证多个平行孔的中心距和_____的要求。

A. 形状精度　　　　　　　　B. 尺寸精度

C. 表面粗糙度　　　　　　　D. 孔轴线平行度

48. 组合件 $S\phi$ 球面尺寸精度及轮廓度的控制，一般采取_____。

A. 双手赶刀法　　　　　　　B. 成形法

C. 靠模法　　　　　　　　　D. 铣削法

49. 用坐标法车削圆球是_____。

A. 任意赶刀法　　　　　　　B. 成形法

C. 靠模法　　　　　　　　　D. 圆弧刀的中心轨迹按坐标走圆弧曲线

50. 三线内螺纹车削时，往往由于多线导程角大，车削区各种深度尺寸内的刀具角度_____。

A. 一样　　　　　　　　　　B. 不一样

C. 加大　　　　　　　　　　D. 变小

51. 多线内螺纹车削时，往往由于多线导程角大，车削区底径的刀具角度_____。

A. 一样　　　　　　　　　　B. 不一样

C. 加大　　　　　　　　　　D. 变小

52. 偏心在 180°的对称方向上。找正时要找_____，保证 180°对称偏移的角度误差在允差范围。

A. 垂直线　　　　　　　　　B. 平行线

C. 对称线　　　　　　　　　D. 圆线

三、多项选择题（下列每题的多个选项中，至少有两个是正确的，请将其代号填写在横线空白处）

1. 加工大型对半平分套筒，使用中心架的作用是_____。

A. 扶正工件　　　　　　　　B. 支承工件旋转

C. 找正工件　　　　　　　　D. 支托工件质量

E. 安装工件

2. 对装夹两对称半圆孔工件的夹紧力，说法正确的是_____。

A. 可以用力夹紧　　　　　　　B. 不能用太大的力

C. 可以用一点力　　　　　　　D. 工件不能变形

E. 工件不变形

3. 在装夹找正两对称半圆孔时，既要校正工件端面上的平分线，又要校正外圆上_____对车床导轨的平行度。

A. 平分线　　　　　　　　　　B. 侧母线

C. 对称度　　　　　　　　　　D. 划线

E. 加工线

4. 螺纹配合的组合件中，有关内、外螺纹中径尺寸的控制叙述正确的是_____。

A. 外螺纹取1/4　　　　　　　B. 内螺纹取1/3

C. 外螺纹取接近下极限尺寸　　D. 内螺纹取接近上极限尺寸

E. 取正值

5. 车削组合件的关键技术是加工_____的选择，以及切削过程中的配车和配研。

A. 质量　　　　　　　　　　　B. 速度

C. 工艺方案的编制　　　　　　D. 基准工件

E. 材料

6. 加工内外偏心组合工件时，保证偏心距一致的装夹方法有_____。

A. 不改变装夹方法　　　　　　B. 保证偏心部分

C. 四爪单动卡盘　　　　　　　D. 偏心夹具

E. 外圆一致

7. 内外偏心组合件的加工主要与_____等知识相关。

A. 保证位置精度的措施　　　　B. 工艺尺寸链计算

C. 材料知识　　　　　　　　　D. 测量方法

E. 装配方法

8. 车削内外偏心组合件的关键技术是要合理安排内外偏心件的_____。

A. 加工顺序　　　　　　　　　B. 加工工艺

C. 车刀选用　　　　　　　　　D. 量具选用

E. 切削用量选择

9. 车对合轴承座工件时，解决上盖与下座的接触平面通过孔的中心的方法有_____。

A. 用游标高度尺在机床上找正对称位置

B. 用划线盘找正对称位置

C. 用游标高度尺在平台上测量两半体尺寸

D. 用测量棒伸进孔内测量

E. 用内孔百分表测量

10. 车削组合件其余零件时，充分使用_____等手段以保证组合件的装配精度要求。

A. 配车　　　　　　　　　B. 精加工

C. 半精加工　　　　　　　D. 找正

E. 配研

11. 偏心轴、套的偏心距找正时，往往用_____进行测量。

A. 三爪自定心卡盘　　　　B. 偏摆仪

C. 偏心卡盘　　　　　　　D. 四爪单动卡盘

E. 磁力表座

12. 多件组合件加工，装配时的主要要求为_____。

A. 长度尺寸配合间隙　　　B. 螺纹锁紧程度

C. 多件外径的同轴度　　　D. 偏心孔轴距

E. 锥度配合角度

13. 组合件装配后，对所有外圆需要进行一次精车的目的为保证_____。

A. 同轴度　　　　　　　　B. 垂直度

C. 平行度　　　　　　　　D. 直线度

E. 外表雅观

参考答案及说明

一、判断题

1. ×。组合件加工时，应首先车出基准零件。

2. ×。组合件加工中，基准零件若有螺纹配合，则应该用车削加工成形。

3. √

4. ×。轴瓦工件为两个半圆体组成的套类工件。

5. √

6. ×。模具型腔加工后要对型腔内壁表面进行修光、研磨，使表面粗糙度 $Ra \leqslant 0.8\ \mu m$ 或更高。

7. ×。有的组合工件也可以在外圆表面留出加工余量，在组合后统一加工外圆表面。

8. √

9. √

10. ×。能用两个相等直径的量棒测量锥体小端直径。

二、单项选择题

1. C   2. B   3. C   4. D   5. A   6. B   7. A   8. C   9. D   10. A

11. C   12. D   13. D   14. C   15. C   16. C   17. C   18. B   19. A   20. B

21. C   22. D   23. B   24. A   25. B   26. C   27. D   28. A   29. B   30. A

31. B   32. A   33. D   34. B   35. C   36. A   37. B   38. A   39. D   40. C

41. D   42. B   43. D   44. B   45. A   46. B   47. D   48. A   49. D   50. B

51. C   52. C

三、多项选择题

1. BD   2. BD   3. ABD   4. CD   5. CD   6. CD   7. ABDE   8. AB   9. ABC   10. AE

11. BE   12. ACDE   13. AE

第6章　车床维护、保养与调整

考 核 要 点

理论知识考核范围	考核要点	重要程度
润滑油的供给	1. 清洗油箱、滤油器及油路	★★★
	2. 油泵供油润滑系统知识	★
	3. 油号及油标知识	★★
安全离合器的调整	1. 安全离合器工作原理	★★★
	2. 安全离合器调整	★★★
	3. 自动进给脱开故障分析	★★★

注："重要程度"中"★"为级别最低，"★★★"为级别最高。

重点复习提示

一、清洗油箱、滤油器及油路

由于长时间使用，箱体内壁的污垢附着力较强，需用煤油或柴油并配合毛刷、抹布才能清洗干净。在清洗前，将回油管从主轴箱及进给箱体上取下。若进给箱体内部污物较多，可以将箱体卸下彻底清洗。

首先将油箱中的油排出，取出油箱中的滤油网清洗。卸下主轴箱上的滤油器进行清洗。

二、油泵供油润滑系统知识

润滑油由油泵从油箱中吸出，经滤油器过滤后输送至分离器，然后经油管送至各摩擦面进行润滑。

油泵装在左床腿上，由主电动机带动经 V 带传动使其旋转。润滑油装在左床腿中的油池里，由油泵经滤油器供给机床润滑。从各处流回的润滑油集中在主轴箱底部，经回油管流入油池中。这一润滑系统采用箱外循环润滑方式，主轴箱中因摩擦产生的热量由润滑油带至箱体外面，冷却后再送入箱体内，因而可降低主轴箱的温升，减少主轴箱的热变形，有利于保证机床的加工精度。

三、油号及油标知识

1. 润滑油

润滑油有动物油、植物油、矿物油和合成油。矿物油（主要是石油产品）来源充足，成本低廉，适用范围广而且稳定性好，故应用最多。动物油中因含有较多的硬脂酸在边界润滑时有很好的润滑性能，但来源有限且稳定性差，故使用不多。合成油是通过化学合成方法制成的新型润滑油，它能满足矿物油所不能满足的某些要求，如高温、低温、高速、重载和其他条件。但合成油成本较高，一般机器很少使用。无论哪种润滑油，若从润滑观点考虑，主要从以下几个指标来加以评定。

（1）黏度

黏度是润滑油最重要的物理性能指标，它标志着流体流动时内摩擦阻力的大小。黏度越大，内摩擦阻力越大，即流动性越差。各种流体的黏度，特别是润滑油的黏度随温度而变化的情况十分明显。黏度随温度的升高而降低。黏度随温度变化越小的油，品质越高。

（2）油性

油性是润滑油湿润或附于摩擦表面的性能。油性越好，吸附能力越强。这种性能对边界摩擦时润滑油能在金属表面形成保护膜以及那些低速、重载或润滑不充分的场合非常重要。

2. 润滑脂

润滑脂是润滑油与稠化剂（如钙、锂、钠的金属皂）的膏状混合物。润滑脂的主要指标有以下几个。

（1）锥入度（稠度）

锥入度是指一个质量为150 g的标准锥体，在25℃恒温下，由润滑脂表面经5 s刺入的深度（以0.1 mm计）。它标志着润滑脂内阻力的大小和流动性的强弱。

（2）滴点

它是表示润滑脂受热后从标准测量杯的孔口滴下第一滴时的温度。它标志着润滑脂耐高温的能力。

3. 添加剂

普通润滑油和润滑脂如果用在一些十分恶劣的工作条件（如高温、低温、重载、真空等）下就会很快变质，失去润滑能力。所以在润滑剂中加入具有某种独特性能的物质，获得了广泛采用。加进润滑剂中以改善其性能的这些物质就称为添加剂。

添加剂的种类很多，有极压添加剂、油性添加剂、抗腐蚀添加剂、消泡添加剂、抗氧化剂、降凝剂、防腐剂等。由于使用添加剂是现代改善润滑剂性能的重要手段，所以其品种和产量都发展很快。

四、安全离合器工作原理

安全离合器的主要部件由安全离合器左半部和安全离合器右半部及弹簧组成。当进给抗力过大或刀架运动受到阻碍时，自动停止进给运动。

五、安全离合器调整

过载保护装置的作用是防止过载和发生偶然事故时，损坏机床的机构。卧式车床常用的过载保险装置有脱落蜗杆机构和安全离合器。前者由于结构比较复杂，新型号机床采用较少，后者结构较简单，且过载消失后，能自动恢复正常工作，因此采用较多，其结构形式有多种。在正常工作情况下，在弹簧的压力作用下，离合器左右两半部相互啮合，当轴向分力 $F_{轴}$ 超过弹簧的压力时，离合器右半部将压缩弹簧而向右移动，与左半部脱开，导致安全离合器打滑。于是机动进给传动链断开，刀架停止进给。过载现象消除后，弹簧使安全离合器重新自动进给，恢复正常工作。可调整弹簧座的轴向位置，改变弹簧的压缩量，从而调整安全离合器，确定传递的扭矩大小。

（1）安全离合器由拉杆等 10 个零件组成，共同形成安全离合器调整系统。

（2）保险盖由螺栓紧固在溜板箱体上，打开保险盖，调整螺母即可调整弹簧的伸缩量。

六、自动进给脱开故障分析

1. 故障分析

（1）安全离合器弹簧压力不足，进给时进给手柄脱开。

（2）安全离合器磨损。

2. 故障的排除方法

（1）调整安全离合器弹簧弹力。

（2）在调整弹簧伸缩量无效的情况下更换新的安全离合器。

（3）对于其他采用脱落蜗杆结构，如果溜板箱内脱落蜗杆的压力弹簧调节太松，都会造成溜板自动进给手柄脱开。

理论知识辅导练习题

一、判断题（下列判断正确的请在括号内打"√"，错误的请在括号内打"×"）

1. 安全离合器弹簧压力不足时，与弹簧的压缩量小无关。 （　　）

2. 齿轮泵多用于低压系统中。 （　　）

3. CA6140 型车床的润滑系统采用齿轮泵。 （　　）

4. 柱塞泵是靠柱塞在缸体内的往复运动，使密封容积产生变化，来实现泵的吸油和压油的。 （　　）

5. 黏度随温度的升高而提高。黏度随温度变化越小的油，品质越高。 （　　）

二、单项选择题（下列每题有 4 个选项，其中只有 1 个是正确的，请将其代号填写在横线空白处）

1. 安全离合器弹簧压力不足时，需要_____。
   A. 调整锁紧螺母处拉杆　　　　　B. 传递扭矩降低
   C. 弹簧的压缩量小　　　　　　　D. 进给手柄脱开

2. 车床尾座中，小滑板摇动手柄转动轴承部位，一般用_____润滑。
   A. 浇油　　　　　　　　　　　　B. 弹子油杯
   C. 油绳　　　　　　　　　　　　D. 油脂杯

3. 润滑剂的作用有润滑、冷却、_____、密封等。
   A. 防锈　　　　　　　　　　　　B. 磨合
   C. 静压　　　　　　　　　　　　D. 稳定

4. 油液的黏度越大，_____。
   A. 内摩擦力就越大，流动性较好　　B. 内摩擦力就越大，流动性较差
   C. 内摩擦力就越小，流动性较好　　D. 内摩擦力就越小，流动性较差

5. 安全离合器的主要部件由安全离合器左半部和右半部及_____组成。
   A. 螺钉　　　　　　　　　　　　B. 弹簧
   C. 螺母　　　　　　　　　　　　D. 圆柱

6. 油液黏度指的是_____。
   A. 油液流动时内部产生的摩擦力　　B. 黏度与温度变化有关
   C. 润滑油种类　　　　　　　　　　D. 油液纯不纯

7. 温度上升，油液的黏度_____。
   A. 下降　　　　　　　　　　　　B. 不变

C. 增大　　　　　　　　　　　　D. 变稠

8. 运动部件产生爬行的原因主要有空气进入系统，_____，油液污染等。

　　A. 油温过高　　　　　　　　　　B. 摩擦阻力变化

　　C. 压力不够　　　　　　　　　　D. 油液黏度过大

9. 过载保护装置的作用是防止过载和发生偶然事故时，损坏机床的机构，而使_____。

　　A. 溜板箱移动停止　　　　　　　B. 主轴停止转动

　　C. 机床断电　　　　　　　　　　D. 刀具损坏

10. 检修液压设备时，当发现油箱中油液显乳白色，这主要是由于油中混入_____。

　　A. 水或冷却液　　　　　　　　　B. 空气

　　C. 机械杂质　　　　　　　　　　D. 汽油

11. _____（主要是石油产品）来源充足，成本低廉，适用范围广而且稳定性好，故应用最多。

　　A. 矿物油　　　　　　　　　　　B. 动物油

　　C. 植物油　　　　　　　　　　　D. 合成油

12. _____中因含有较多的硬脂酸在边界润滑时有很好的润滑性能，但来源有限且稳定性差，故使用不多。

　　A. 矿物油　　　　　　　　　　　B. 动物油

　　C. 植物油　　　　　　　　　　　D. 合成油

13. _____是通过化学合成方法制成的新型润滑油，它能满足矿物油所不能满足的某些要求，如高温、低温、高速、重载和其他条件。

　　A. 矿物油　　　　　　　　　　　B. 动物油

　　C. 植物油　　　　　　　　　　　D. 合成油

14. _____是润滑油湿润或附于摩擦表面的性能。

　　A. 黏度　　　　　　　　　　　　B. 稠度

　　C. 油性　　　　　　　　　　　　D. 滴点

15. 润滑油黏度越大，_____。

　　A. 内摩擦阻力越大，即流动性越差

　　B. 内摩擦阻力越小，即流动性越差

　　C. 内摩擦阻力越大，即流动性越好

　　D. 与流动性无关

16. 加入润滑剂中以改善其_____的这些物质称为添加剂。

A. 生成新物质   B. 变质

C. 性能   D. 摩擦阻力

三、多项选择题（下列每题的多个选项中，至少有两个是正确的，请将其代号填写在横线空白处）

1. 添加剂的种类很多，有_____。

A. 极压添加剂   B. 油性添加剂

C. 抗腐蚀添加剂   D. 消泡添加剂

E. 抗氧化剂

2. 安全离合器的作用为_____，自动停止进给运动。

A. 进给抗力过大   B. 切削量大

C. 进给量大   D. 切削速度高

E. 刀架运动受到阻碍

3. 清洗油箱、滤油器及油路的目的在于_____。

A. 打扫卫生   B. 去除污垢

C. 保持通路顺畅   D. 防止损坏齿轮

E. 去除异味

4. 润滑油的作用为_____。

A. 润滑齿轮   B. 润滑导轨

C. 带走箱体热量   D. 防止导轨变形

E. 防止摩擦离合器烧毁

5. 普通润滑油在十分恶劣的工作条件，如_____下就会很快变质，失去润滑能力。

A. 高温   B. 低温

C. 重载   D. 低压

E. 真空

参考答案及说明

一、判断题

1. ×。安全离合器弹簧压力不足时，与调整锁紧螺母无关。

2. √

3. ×。CA6140 型车床的润滑系统采用叶片泵。

4. √

5．×。黏度随温度的升高而降低。黏度随温度变化越小的油，品质越高。

二、单项选择题

1．A　　2．B　　3．A　　4．B　　5．B　　6．A　　7．A　　8．B　　9．A　　10．A

11．A　　12．B　　13．D　　14．C　　15．A　　16．C

三、多项选择题

1．ABCDE　　2．ACE　　3．BCD　　4．ABCE　　5．ABCE

第2部分　操作技能鉴定指导

第1章　套筒及深孔加工

考 核 要 点

操作技能考核范围		考核要点	重要程度
复杂套筒（滑动轴承、液压缸等）零件加工	滑动轴承加工	车削滑动轴承	★★★
	复杂套筒的装夹	车削套筒	★★★
	液压缸	车削液压缸	★★★
深孔加工	长套筒工件加工	车削长套筒	★★★
	群钻、深孔珩磨工具的特点简介	车削液压缸	★★

注："重要程度"中"★"为级别最低，"★★★"为级别最高。

操作技能辅导练习题

【题目1】B型滑动轴承

B型滑动轴承加工尺寸如下图所示。

1. 考核要求

（1）工件外圆要求

滑动轴承外径是按照压入前的外径进行车削的，装配前公差 s6 为 $\phi 65^{+0.072}_{+0.053}$ mm，为过盈配合，此处公差将直接影响装配后的内孔尺寸。

（2）工件内孔要求

滑动轴承内径为 $\phi 55^{+0.04}_{+0.01}$ mm，滑动轴承的同轴度用检验棒检测。

（3）几何公差要求

$\phi 65^{+0.072}_{+0.053}$ mm 外圆轴线对内孔 $\phi 55^{+0.04}_{+0.01}$ mm 基准轴线的同轴度公差为 $\phi 0.04$ mm。

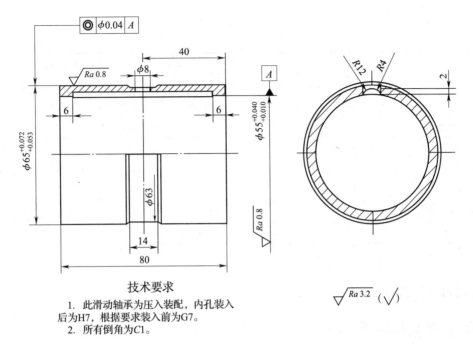

技术要求

1. 此滑动轴承为压入装配，内孔装入后为H7，根据要求装入前为G7。
2. 所有倒角为C1。

B 型滑动轴承

重点提示：

1. 为了保证铸铁滑动轴承内外圆薄壁的同轴度，应采用一次车削后，进行切断。
2. 该滑动轴承为了保证铸件的壁厚均匀，应考虑毛坯缺陷，可采用借料找正加工。

2. 准备工作

加工 B 型滑动轴承的准备事项

序号	名称		准 备 事 项
1	材料		耐磨铸铁，$\phi80$ mm $\times 100$ mm
2	设备		CA6140 型车床，三爪自定心卡盘、四爪单动卡盘及卡盘扳手
3	工艺装备	刃具	90°外圆车刀、45°弯头车刀、内孔车刀、内孔精车刀、60°内孔车刀
4		量具	游标卡尺 0.02 mm/（0～200 mm），千分尺 0.01 mm/（50～75 mm），钢直尺，内孔百分表 0.01 mm/（50～160 mm）
5		工、辅具	钻夹具，活扳手、旋具等常用工具

3. 考核时限

完成本题操作基本时间为 150 min；每超过 10 min 从本题总分中扣除 10%，操作超过 20 min 本题零分。

4．评分项目及标准

B型滑动轴承评分项目及标准

评分项目	评分要点	配分比重（%）	评分标准及扣分	得分
1．外圆	$\phi65^{+0.072}_{+0.053}$ mm，$Ra\leqslant0.8$ μm	20，6	每超差0.01 mm扣该项配分的1/2，Ra降级不得分	
2．内孔	$\phi55^{+0.04}_{+0.01}$ mm，$Ra\leqslant0.8$ μm	20，6		
3．几何公差	同轴度公差为$\phi0.04$ mm	8	超差不得分	
4．长度	40 mm、80 mm	4×2	未注公差超差不得分	
5．沟槽	$\phi63$ mm×14 mm	4		
6．倒角	$C1$ mm　4处	4×4		
7．表面粗糙度	$Ra\leqslant3.2$ μm　3处	4×3	Ra每降1级扣该项配分的1/2	
合计		100		

【题目2】液压缸

液压缸加工尺寸如下图所示。

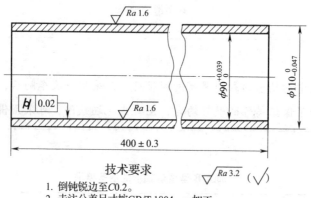

技术要求
1．倒钝锐边至$C0.2$。
2．未注公差尺寸按GB/T 1804—m加工。

液压缸

1．考核要求

（1）工件外圆要求

液压缸外径为$\phi110^{0}_{-0.047}$ mm，$Ra\leqslant1.6$ μm。

（2）工件内孔要求

液压缸内径为$\phi90^{+0.039}_{0}$ mm，$Ra\leqslant1.6$ μm。

（3）几何公差要求

$\phi90^{+0.039}_{0}$ mm内孔有圆柱度要求，圆柱度公差为0.02 mm。内表面经过抛光处理后$Ra\leqslant$0.4 μm。

> **重点提示：**
> 1. 车削外圆时装夹工件采用轴向定位，将预制好的心堵顶住两端内孔，轻轻车削外圆。
> 2. 调整中心架使工件的轴线与主轴的回转轴线同轴。
> 3. 车削过程中中心架的触爪与工件要充分的润滑，避免在加工中触爪与工件因摩擦产生过高的温度，触爪与工件胀死。

2. 准备工作

加工液压缸准备事项

序号	名称		准 备 事 项
1	材料		45 钢，外径 ϕ115 mm×内孔 ϕ85 mm×405 mm
2	设备		CA6140 型车床，三爪自定心卡盘、四爪单动卡盘及卡盘扳手
3	工艺装备	刃具	90°外圆车刀、45°弯头车刀、内孔车刀、内孔精车刀、60°内孔车刀、浮动铰刀
4		量具	游标卡尺 0.02 mm/（0～500 mm），千分尺 0.01 mm/（75～100 mm、100～125 mm），金属直尺，内孔百分表 0.01 mm/（50～160 mm）
5		工、辅具	钻夹具，活扳手、旋具等常用工具，自制内孔浮动刀杆

3. 考核时限

完成本题操作基本时间为 150 min；每超过 10 min 从本题总分中扣除 10%，操作超过 20 min 本题零分。

4. 评分项目及标准

液压缸评分项目及标准

评分项目	评分要点	配分比重（%）	评分标准及扣分	得分
1. 外圆	$\phi110_{-0.047}^{0}$ mm，$Ra \leqslant 1.6$ μm	20，6	每超差 0.01 mm 扣该项配分的 1/2，Ra 降级不得分	
2. 内孔	$\phi90_{0}^{+0.039}$ mm，$Ra \leqslant 1.6$ μm	20，6		
3. 几何公差	内孔圆柱度公差为 0.02 mm	12	超差不得分	
4. 长度	（400±0.03）mm	8	未注公差超差不得分	
5. 倒角	锐边倒钝 C0.2 mm　4 处	5×4		
6. 表面粗糙度	$Ra \leqslant 3.2$ μm　两处	4×2	Ra 每降 1 级扣该项配分的 1/2	
合计		100		

【题目 3】液压缸

液压缸加工尺寸如下图所示。

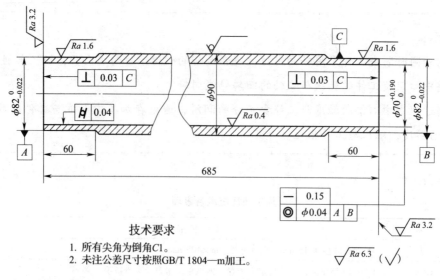

技术要求

1. 所有尖角为倒角C1。
2. 未注公差尺寸按照GB/T 1804—m加工。

液压缸

1. 考核要求

（1）工件外圆要求

液压缸的两侧轴头直径为 $82_{-0.022}^{0}$ mm，$Ra \leqslant 1.6$ μm，并且作为 $A-B$ 公共基准轴线。右侧 $\phi 82_{-0.022}^{0}$ mm 外圆表面作为 C 基准表面。

（2）工件内孔要求

液压缸的内径有尺寸为 $\phi 70_{0}^{+0.19}$ mm、$Ra \leqslant 0.4$ μm 要求。

（3）几何公差要求

在 685 mm 的长度上，内孔圆柱度公差为 0.04 mm，内孔直线度公差为 0.15 mm，内孔轴线对两侧外圆轴线的同轴度公差为 $\phi 0.04$ mm，左右端面表面粗糙度为 $Ra \leqslant 3.2$ μm 且对右侧轴头外圆 $\phi 82_{-0.022}^{0}$ mm 有垂直度公差为 0.03 mm 的要求。这些要求在加工上要有一定的工艺措施加以保证。

（4）长度尺寸要求

685 mm，60 mm 两处。

重点提示： 精车削用深孔珩磨头加工时，余量为 0.1 mm。

---

2. 准备工作

3. 考核时限

完成本题操作基本时间为 150 min；每超过 10 min 从本题总分中扣除 10%，操作超过 20 min 本题零分。

加工液压缸的准备事项

序号	名称		准 备 事 项
1	材料		45 钢，外径 ϕ90 mm×内径 ϕ65 mm×715 mm
2	设备		CA6140 型车床，三爪自定心卡盘、四爪单动卡盘及卡盘扳手
3	工艺装备	刀具	90°外圆车刀、45°弯头车刀、内孔车刀、内孔精车刀、深孔珩磨头
4		量具	游标卡尺 0.02 mm/（0~1 000 mm），千分尺 0.01 mm/（50~75 mm、75~100 mm），金属直尺，内孔百分表 0.01 mm/（50~160 mm）
5		工、辅具	钻夹具，活扳手、旋具等常用工具

4. 评分项目及标准

液压缸评分项目及标准

评分项目	评分要点	配分比重（%）	评分标准及扣分	得分
1. 外圆	左 ϕ82$_{-0.022}^{0}$ mm，$Ra \leq 1.6$ μm	8，6	每超差 0.01 mm 扣该项配分的 1/2	
	右 ϕ82$_{-0.022}^{0}$ mm，$Ra \leq 1.6$ μm	8，6		
2. 内孔	ϕ70$_{0}^{+0.19}$ mm，$Ra \leq 0.4$ μm	8，6	Ra 降级不得分	
3. 几何公差	内孔圆柱度公差为 0.04 mm	5	超差不得分	
	内孔直线度公差为 0.15 mm	5		
	同轴度公差为 ϕ0.04 mm	6		
	垂直度公差为 0.03 mm　两处	5×2		
4. 长度	685 mm，60 mm　两处	4×3	未注公差超差不得分	
5. 倒角	C1 mm　4 处	3×4		
6. 表面粗糙度	Ra3.2 μm　两处	4×2	Ra 每降 1 级扣该项配分的 1/2	
合计		100		

【题目 4】短薄壁套

短薄壁套加工尺寸如下图所示。

1. 考核要求

（1）工件外圆要求

薄壁套外径为 ϕ120$_{-0.035}^{0}$ mm、$Ra \leq 1.6$ μm，ϕ118$_{-0.14}^{0}$ mm、$Ra \leq 6.3$ μm。

（2）工件内孔要求

薄壁套的内径尺寸为 ϕ115$_{0}^{+0.035}$ mm、$Ra \leq 3.2$ μm，ϕ98$_{+0.051}^{+0.086}$ mm、$Ra \leq 1.6$ μm。

（3）几何公差要求

工件以 ϕ120$_{-0.035}^{0}$ mm 轴线为 B 基准及 ϕ98$_{+0.051}^{+0.086}$ mm 轴线为 C 基准，以 ϕ118$_{-0.14}^{0}$ mm 的

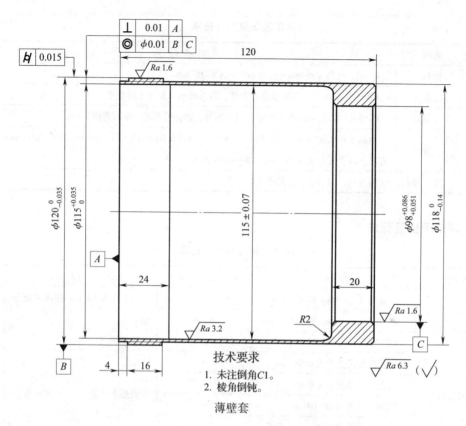

技术要求
1. 未注倒角C1。
2. 棱角倒钝。

薄壁套

左端面为 A 基准，内孔 $\phi118_{-0.14}^{0}$ mm 对于 B、C 基准的同轴度公差为 $\phi0.01$ mm，$\phi115_{0}^{+0.035}$ mm 内孔对于端面 A 基准的垂直度公差为 0.01 mm，$\phi120_{-0.035}^{0}$ mm 外圆的圆柱度公差为 0.015 mm。

（4）长度尺寸要求

120 mm、24 mm、20 mm、16 mm、4 mm。

重点提示：精车削注意消振处理。

2. 准备工作

加工短薄壁套的准备事项

序号	名称		准 备 事 项
1	材料		45 钢，外径 $\phi125$ mm × 内径 $\phi93$ mm × 125 mm
2	设备		CA6140 型车床，三爪自定心卡盘、四爪单动卡盘及卡盘扳手
3	工艺装备	刃具	90°外圆车刀、45°弯头车刀、内孔车刀、内孔精车刀、内孔 R2 圆弧刀
4		量具	游标卡尺 0.02 mm/（0～150 mm），千分尺 0.01 mm/（75～100 mm，100～125 mm），金属直尺，内孔百分表 0.01 mm/（50～160 mm）
5		工、辅具	钻夹具，活扳手，旋具等常用工具

3. 考核时限

完成本题操作基本时间为 150 min；每超过 10 min 从本题总分中扣除 10%，操作超过 20 min 本题零分。

4. 评分项目及标准

短薄壁套评分项目及标准

评分项目	评分要点	配分比重（%）	评分标准及扣分	得分
1. 外圆	$\phi120_{-0.035}^{0}$ mm、$Ra \leqslant 1.6$ μm	8, 6	每超差 0.01 mm 扣该项配分的 1/2	
	$\phi118_{-0.14}^{0}$ mm、$Ra \leqslant 6.3$ μm	8		
2. 内孔	$\phi115_{+0}^{+0.035}$ mm、$Ra \leqslant 3.2$ μm	8, 6	Ra 降级不得分	
	$\phi98_{+0.051}^{+0.086}$ mm、$Ra \leqslant 1.6$ μm	8, 6		
3. 几何公差	同轴度公差为 $\phi0.01$ mm	5	超差不得分	
	垂直度公差为 0.01 mm	5		
	圆柱度公差为 0.015 mm	6		
4. 长度	120 mm、24 mm、20 mm、16 mm、4 mm	4×5	未注公差超差不得分	
5. 倒角	圆弧 R 2 mm	6		
6. 表面粗糙度	$Ra \leqslant 6.3$ μm 4 处	2×4	Ra 每降 1 级扣该项配分的 1/2	
合计		100		

【题目 5】 加长套

加长套加工尺寸如下图所示

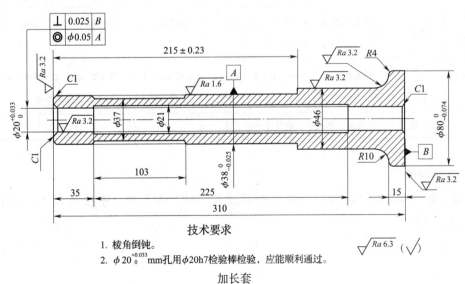

技术要求

1. 棱角倒钝。
2. $\phi20_{+0}^{+0.033}$ mm 孔用 $\phi20h7$ 检验棒检验，应能顺利通过。

加长套

1. 考核要求

（1）工件外圆要求

薄壁套外径尺寸为 $\phi 80_{-0.074}^{0}$ mm、$Ra \leqslant 3.2$ μm，$\phi 38_{-0.025}^{0}$ mm、$Ra \leqslant 1.6$ μm，$\phi 46$ mm、$Ra \leqslant 3.2$ μm，$\phi 37$ mm。

（2）工件内孔要求

薄壁套的内径尺寸为 $\phi 20_{0}^{+0.033}$ mm、$Ra \leqslant 3.2$ μm，$\phi 21$ mm。

（3）几何公差要求

工件以外圆 $\phi 38_{-0.025}^{0}$ mm 的轴线为基准 A，以大端面 $\phi 80_{-0.074}^{0}$ mm 为基准 B。$\phi 20_{0}^{+0.033}$ mm 对于 A 基准有同轴度公差要求为 $\phi 0.015$ mm，对于 B 有垂直度公差要求为 0.025 mm

（4）长度尺寸要求

310 mm、225 mm、103 mm、35 mm、15 mm。

重点提示： 内孔精车削时注意直线度公差。

2. 准备工作

加工加长套的准备事项

序号	名称		准 备 事 项
1	材料		45 钢，外径 $\phi 85$ mm×315 mm
2	设备		CA6140 型车床，三爪自定心卡盘、四爪单动卡盘及卡盘扳手
3	工艺装备	刃具	90°外圆车刀，45°弯头车刀，内孔车刀，内孔精车刀，外圆 R4 圆弧刀，钻头 $\phi 18$ mm、$\phi 19.6$ mm，铰刀 $\phi 20$ mm
4		量具	游标卡尺 0.02 mm/（0～150 mm），千分尺 0.01 mm/（0～25 mm、25～50 mm、75～100 mm），金属直尺，内孔百分表 0.01 mm/（18～35 mm），磁力表座及指示表
5		工、辅具	钻夹具，活扳手、旋具等常用工具

3. 考核时限

完成本题操作基本时间为 150 min；每超过 10 min 从本题总分中扣除 10%，操作超过 20 min 本题零分。

4．评分项目及标准

长套评分项目及标准

评分项目	评分要点	配分比重（％）	评分标准及扣分	得分
1．外圆	$\phi80_{-0.074}^{0}$ mm、$Ra \leqslant 3.2$ μm	4，3	每超差 0.01 mm 扣该项配分的1/2 Ra 降级不得分	
	$\phi38_{-0.025}^{0}$ mm、$Ra \leqslant 1.6$ μm	4		
	$\phi46$ mm、$Ra \leqslant 3.2$ μm	4，3		
	$\phi37$ mm	4		
2．内孔	$\phi20_{0}^{+0.033}$ mm、$Ra \leqslant 3.2$ μm	8，6		
	$\phi21$ mm	8，6	未注公差超差不得分	
3．几何公差	同轴度公差为 $\phi0.015$ mm	5	超差不得分	
	垂直度公差为 0.025 mm	5		
4．长度	310 mm、225 mm、103 mm、35 mm、15 mm	4×5	未注公差超差不得分	
5．倒角	圆弧 $R4$ mm	6		
	$C1$ mm　3 处	2×3		
6．表面粗糙度	$Ra \leqslant 6.3$ μm　4 处	2×4	Ra 每降 1 级扣该项配分的1/2	
合计		100		

第2章　螺纹及蜗杆加工

考 核 要 点

操作技能考核范围		考核要点	重要程度
长丝杠加工	丝杠工艺与检测	车削检验丝杠螺纹	★★★
	长丝杠车削	车削长丝杠	★★★
多线螺纹及蜗杆加工	多线螺纹及蜗杆加工	车削单拐左旋多线蜗杆轴	★★★
	多线螺纹分线精度及三针测量	车削多线梯形螺纹	★★
		车削多线蜗杆	★★

注："重要程度"中"★"为级别最低，"★★★"为级别最高。

操作技能辅导练习题

【题目6】梯形螺纹丝杠

梯形螺纹丝杠加工尺寸如下图所示。

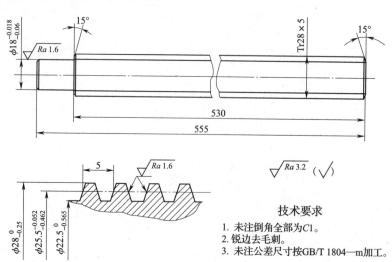

技术要求
1. 未注倒角全部为C1。
2. 锐边去毛刺。
3. 未注公差尺寸按GB/T 1804—m加工。

梯形螺纹丝杠

1. 考核要求

（1）工件外圆要求

丝杠左端尺寸为 $\phi 18^{-0.018}_{-0.06}$ mm，$Ra \leq 1.6$ μm。

（2）丝杠螺纹要求

丝杠螺纹尺寸有大径 $\phi 28^{0}_{-0.25}$ mm、中径 $\phi 25.5^{-0.052}_{-0.462}$ mm、小径 $\phi 22.5^{0}_{-0.565}$ mm，需要用量具进行检测，同时齿形、螺距也需要进行检测。螺纹两侧 $Ra \leq 1.6$ μm 两处，需要精车达到粗糙度要求。

（3）长度尺寸要求

530 mm 及 555 mm。

> **重点提示：** 由于丝杠的长径比较大，加工中采用一夹一顶并配合中心架、跟刀架进行加工。

2. 准备工作

加工梯形螺纹丝杠的准备事项

序号	名称		准 备 事 项
1	材料		圆钢 $\phi 35$ mm × 560 mm
2	设备		CA6140 型车床，三爪自定心卡盘、四爪单动卡盘及卡盘扳手
3	工艺装备	刃具	90° 车刀、45° 弯头车刀、30° 梯形螺纹刀、中心钻 A3 mm/8 mm
4		量具	卡尺 0.02 mm/（0～150 mm、0～600 mm），千分尺 0.01 mm/（0～25 mm），螺纹样板，丝杠检查仪
5		工、辅具	中心架，跟刀架，对刀样板，顶尖

3. 考核时限

完成本题操作基本时间为 150 min；每超过 10 min 从本题总分中扣除 10%，操作超过 20 min 本题零分。

4. 评分项目及标准

梯形螺纹丝杠评分项目及标准

评分项目	评分要点	配分比重（%）	评分标准及扣分	得分
1. 外圆	$\phi 18^{-0.018}_{-0.06}$ mm	15		
2. 丝杠螺纹	大径 $\phi 28^{0}_{-0.25}$ mm	10	每超差 0.01 mm 扣该项配分的 1/2	
	中径 $\phi 25.5^{-0.052}_{-0.462}$ mm	20		
	小径 $\phi 22.5^{0}_{-0.565}$ mm	9		
	两侧面，$Ra \leq 1.6$ μm	9 × 2	Ra 降级不得分	

评分项目	评分要点	配分比重（%）	评分标准及扣分	得分
3. 长度	530 mm，555 mm	4×2	未注公差超差不得分	
4. 倒角	C1 mm	4		
	15°两处	4×2		
5. 表面粗糙度	Ra≤3.2 μm（4处）	2×4	Ra 每降1级扣该项配分的1/2	
合计		100		

【题目7】锥头三线梯形螺纹

锥头三线梯形螺纹加工尺寸如下图所示。

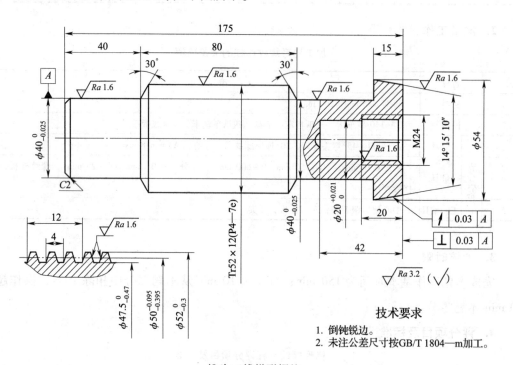

锥头三线梯形螺纹

技术要求
1. 倒钝锐边。
2. 未注公差尺寸按GB/T 1804—m加工。

1. 考核要求

（1）工件外圆要求

锥头三线梯形螺纹外径尺寸为 $\phi 40_{-0.025}^{0}$ mm、Ra≤1.6 μm 共两处，$\phi 54$ mm。

（2）工件内孔要求

锥头三线梯形螺纹的内径尺寸有 $\phi 20_{0}^{+0.021}$ mm、Ra≤1.6 μm，用铰刀铰孔。

（3）三线梯形螺纹部分

三线梯形螺纹的中径 $\phi 50^{-0.095}_{-0.395}$ mm 及牙形角 30° 三处，用样板检测时间隙量不得超过 0.1 mm。牙型两侧面 $Ra \leqslant 1.6$ μm 共 6 处，大径 $\phi 52^{0}_{-0.3}$ mm，小径 $\phi 47.5^{0}_{-0.47}$ mm。

（4）锥面

锥面锥角为 14°15′10″，允差为 6′，$Ra \leqslant 1.6$ μm。

（5）普通螺纹

内孔 M24 螺纹牙型要求完整。

（6）几何公差要求

工件以外径 $\phi 40^{0}_{-0.025}$ mm 的轴线为基准轴线 A，外锥面对 A 的圆跳动公差为 0.03 mm，锥平面对 A 的垂直度公差为 0.03 mm，用磁力指示百分表检测。

（7）长度尺寸要求

175 mm、80 mm、40 mm、15 mm、42 mm、20 mm。

> **重点提示**：三线梯形螺纹精车削时，注意螺距误差。

2. 准备工作

加工锥头三线梯形螺纹的准备事项

序号	名称		准 备 事 项
1	材料		45 钢，$\phi 60$ mm × 180 mm
2	设备		CA6140 型车床，三爪自定心卡盘、四爪单动卡盘及卡盘扳手
3	工艺装备	刃具	90° 车刀，90° 反偏车刀，45° 弯头车刀，30° 梯形螺纹刀，车槽刀，外圆精车刀，$\phi 18$ mm、$\phi 19.7$ mm 钻头，内孔刀，M24 丝锥，$\phi 20$ mm 铰刀，A2 mm/5 mm 中心钻
4		量具	万能角度尺 2′（0 ~ 320°），游标卡尺 0.02 mm/（0 ~ 200 mm），千分尺 0.01 mm/（0 ~ 25 mm、25 ~ 50 mm、50 ~ 75 mm），30° 角度样板，游标深度尺 0.02 mm/（0 ~ 200 mm）
5		工、辅具	一字旋具，活扳手，顶尖及钻夹具，其他常用工具

3. 考核时限

完成本题操作基本时间为 150 min；每超过 10 min 从本题总分中扣除 10%，操作超过 20 min 本题零分。

4. 评分项目及标准

锥头三线梯形螺纹评分项目及标准

评分项目	评分要点	配分比重（%）	评分标准及扣分	得分
1. 外圆	$\phi40\,{}^{0}_{-0.025}$ mm、$Ra\leqslant1.6$ μm 两处	2×（4，3）	超差不得分 Ra 每降 1 级扣该项配分的 1/2	
2. 内孔	$\phi20\,{}^{+0.021}_{0}$ mm，$Ra\leqslant1.6$ μm	4，3		
3. 内螺纹	M24，$Ra\leqslant3.2$ μm	4，2	坏牙不得分	
4. 三线梯形外螺纹	大径 $\phi52\,{}^{0}_{-0.3}$ mm	4	超差不得分	
	小径 $\phi47.5\,{}^{0}_{-0.475}$ mm　3 处	3×3		
	中径 $\phi50\,{}^{-0.095}_{-0.395}$ mm　3 处	3×4		
	牙形角 30°　3 处	3×3	样板检测，间隙量超过 0.1 mm 不得分	
	牙型两侧面 $Ra\leqslant1.6$ μm　6 处	6×3	Ra 降级不得分	
	三线螺纹	1	线数错误不得分	
5. 外圆锥面	$14°15'10''$，$Ra\leqslant1.6$ μm	4，3	锥面锥角超差 6′不得分 锥面 Ra 降级不得分	
	外锥面对外径 $\phi40\,{}^{0}_{-0.025}$ mm 的圆跳动公差为 0.03 mm	1	超差不得分	
	外锥面大头尺寸为 $\phi54$ mm	1	未注公差超差不得分	
	锥平面对外径 $\phi40\,{}^{0}_{-0.025}$ mm 的垂直度公差为 0.03 mm	1	超差不得分	
	锥面 $Ra\leqslant1.6$ μm	2	Ra 降级不得分	
6. 长度	40 mm、80 mm、175 mm、15 mm、42 mm、20 mm	0.5×6	未注公差超差不得分	
7. 倒角	C 3 mm　两处	0.5×2		
	C 2 mm　1 处	0.5		
	倒钝锐边 1 处	0.5		
8. 表面粗糙度	$Ra\leqslant3.2$ μm　6 处	6×0.5	Ra 每降 1 级扣该项配分的 1/2	
合计		100		

【题目 8】锥孔双线蜗杆

锥孔双线蜗杆加工尺寸如下图所示。

1. 考核要求

（1）工件外圆要求

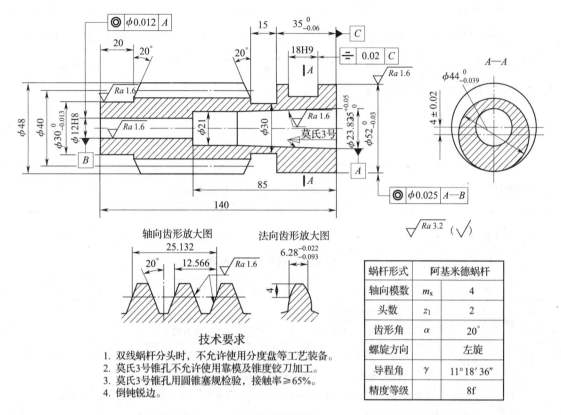

技术要求

1. 双线蜗杆分头时，不允许使用分度盘等工艺装备。
2. 莫氏3号锥孔不允许使用靠模及锥度铰刀加工。
3. 莫氏3号锥孔用圆锥塞规检验，接触率≥65%。
4. 倒钝锐边。

锥孔双线蜗杆

锥孔双线蜗杆外径尺寸为 $\phi52_{-0.03}^{0}$ mm、$Ra\leqslant1.6\ \mu m$，$\phi30_{-0.013}^{0}$ mm、$Ra\leqslant1.6\ \mu m$。

（2）工件偏心沟槽要求

偏心外径尺寸为 $\phi44_{-0.039}^{0}$ mm，偏心距为（4 ± 0.02）mm，宽度为 $18_{0}^{+0.043}$ mm。

（3）工件内孔要求

内孔尺寸为 $\phi12_{0}^{+0.027}$ mm，$Ra\leqslant1.6\ \mu m$。

（4）工件内锥孔要求

莫氏3号内锥孔接触率≥65%，要求大头直径为 $23.825_{0}^{+0.05}$ mm，莫氏3号内锥孔小头直径尺寸为 21 mm。

（5）双线蜗杆要求

蜗杆为双线左旋，外径 $\phi48$ mm，中径 $\phi40$ mm，齿厚为 $6.28_{-0.093}^{-0.022}$ mm，由于蜗杆为双线，故应测量双线齿厚的误差值。

（6）工件沟槽要求

$\phi30$ mm，15 mm 宽。

（7）几何公差要求

工件以莫氏 3 号内锥孔的轴线为基准 A，$\phi 12^{+0.027}_{0}$ mm 对于它的同轴度公差为 $\phi 0.012$ mm。以 $\phi 12^{+0.027}_{0}$ mm 内孔的轴线为基准 B，外径 $\phi 52^{0}_{-0.03}$ mm 对于 $A—B$ 公共基准轴线的同轴度公差为 $\phi 0.025$ mm。以长度 $35^{0}_{-0.06}$ mm 的中心面为基准面 C，偏心槽尺寸 $18^{+0.043}_{0}$ mm 对于 C 的对称度公差为 0.02 mm。

（8）长度尺寸要求

140 mm、85 mm、20 mm。

> **重点提示**：偏心外径尺寸为 $\phi 44^{0}_{-0.039}$ mm，注意用磁力指示表认真找正。

2．准备工作

加工锥孔双线蜗杆的准备事项

序号	名称		准 备 事 项
1	材料		45 钢，$\phi 57$ mm × 150 mm
2	设备		CA6140 型车床，三爪自定心卡盘、四爪单动卡盘及卡盘扳手
3	工艺装备	刃具	90° 车刀，45° 弯头车刀，40° 蜗杆车刀，车槽刀，外圆精车刀，$\phi 10$ mm、$\phi 11.8$ mm 钻头，$\phi 12$ mm 铰刀，$\phi 19$ mm、$\phi 21$ mm 钻头，内孔锥度粗、精车刀，A2 mm/5 mm 中心钻
4		量具	游标卡尺 0.02 mm/（0～200 mm），千分尺 0.01 mm/（0～25 mm、25～50 mm、50～75 mm），齿厚游标卡尺 0.02 mm/m_x（1～16 mm），游标深度尺 0.02 mm/（0～200 mm），磁力表座及指示表，万能角度尺 2′（0～320°）
5	工、辅具		一字旋具，活扳手，顶尖及钻夹具，其他常用工具

3．考核时限

完成本题操作基本时间为 150 min；每超过 10 min 从本题总分中扣除 10%，操作超过 20 min 本题零分。

4．评分项目及标准

锥孔双线蜗杆评分项目及标准

评分项目	评分要点	配分比重（%）	评分标准及扣分	得分
1．外圆	$\phi 52^{0}_{-0.03}$ mm、$Ra \leq 1.6$ μm	5，4	每超差 0.01 mm 扣该项配分的 1/2	
	$\phi 30^{0}_{-0.013}$ mm、$Ra \leq 1.6$ μm	5，4	Ra 每降 1 级扣该项配分的 1/2	
2．工件偏心沟槽	偏心外径为 $\phi 44^{0}_{-0.039}$ mm	5	每超差 0.01 mm 扣该项配分的 1/2	
	偏心距为（4 ± 0.02）mm	5		
	宽度为 $18^{+0.043}_{0}$ mm	2		

续表

评分项目	评分要点	配分比重（%）	评分标准及扣分	得分
3. 内孔	$\phi12^{+0.027}_{0}$ mm，$Ra\leqslant1.6\ \mu$m	5，4	每超差 0.01 mm 扣该项配分的 1/2 Ra 每降 1 级扣该项配分的 1/2	
4. 工件内锥孔	莫氏 3 号内锥孔接触率≥65%	6	接触率<65% 不得分	
	大头直径尺寸为 $\phi23.825^{+0.05}_{0}$ mm	5	每超差 0.01 mm 扣该项配分的 1/2	
	小头直径尺寸为 $\phi21$ mm	2	未注公差超差不得分	
	$Ra\leqslant1.6\ \mu$m	4	Ra 每降 1 级扣该项配分的 1/2	
5. 二线蜗杆	外径 $\phi48$ mm	2	未注公差超差不得分	
	中径 $\phi40$ mm	2		
	齿厚为 $6.28^{+0.022}_{-0.093}$ mm　两处	4×2	超差不得分	
	$Ra\leqslant1.6\ \mu$m　两处	4×2	Ra 降级不得分	
	双线左旋	4	错误不得分	
6. 外沟槽	$\phi30$ mm×宽 15 mm	1	未注公差超差不得分	
7. 几何公差	同轴度公差为 $\phi0.012$ mm	1	超差不得分	
	同轴度公差为 $\phi0.025$ mm	1		
	对称度公差为 0.02 mm	1		
8. 长度	140 mm、85 mm、20 mm	1×3	未注公差超差不得分	
	$35^{0}_{-0.06}$ mm	3	每超差 0.01 mm 扣该项配分的 1/2	
9. 倒角	20°　两处	1×2	未注公差超差不得分	
	倒钝锐边　6 处	0.5×6		
10. 表面粗糙度	$Ra\leqslant3.2\ \mu$m　10 处	0.5×10	Ra 每降 1 级扣该项配分的 1/2	
合计		100		

【题目 9】锥头双线蜗杆

锥头双线蜗杆加工尺寸如下图所示。

1. 考核要求

（1）工件外圆要求

双线蜗杆直台外径尺寸为 $\phi30^{0}_{-0.033}$ mm、$Ra\leqslant1.6\ \mu$m。

（2）工件锥体及端面槽要求

外径尺寸为 $\phi48$ mm，锥体角度 90°±4′，$Ra\leqslant1.6\ \mu$m。锥体端面槽内径尺寸为 $\phi30^{+0.052}_{0}$ mm，

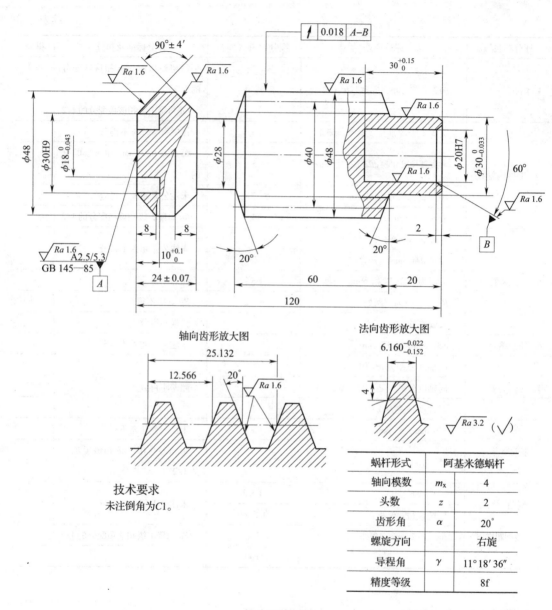

轴向齿形放大图

法向齿形放大图

技术要求

未注倒角为C1。

蜗杆形式		阿基米德蜗杆
轴向模数	m_x	4
头数	z	2
齿形角	α	20°
螺旋方向		右旋
导程角	γ	11°18′36″
精度等级		8f

锥头双线蜗杆

槽外径尺寸为 $\phi 18_{-0.043}^{\ 0}$ mm。

（3）工件内孔要求

$\phi 20$H7 mm，$Ra \leqslant 1.6$ μm。

（4）双线蜗杆要求

蜗杆为双线右旋，外径 $\phi 48$ mm，中径 $\phi 40$ mm，齿厚为 $6.16_{-0.152}^{-0.022}$ mm，由于蜗杆为双线，故应测量双线齿厚的误差值。

（5）几何公差要求

工件以左端中心孔 A 和右端定位孔 B 为公共基准轴线，蜗杆对于它的圆跳动公差为 0.018 mm。

（6）长度尺寸要求

(24 ± 0.07) mm，$10^{+0.1}_{0}$ mm，$30^{+0.15}_{0}$ mm，120 mm，60 mm，20 mm，8 mm 两处。

2. 准备工作

加工锥头双线蜗杆的准备事项

序号	名称		准　备　事　项
1	材料		45 钢，ϕ53 mm × 125 mm
2	设备		CA6140 型车床，三爪自定心卡盘、四爪单动卡盘及卡盘扳手
3	工艺装备	刃具	90°车刀，45°弯头车刀，40°蜗杆车刀，车槽刀，外圆精车刀，ϕ18 mm、ϕ19.7 mm 钻头，ϕ20 mm 铰刀，中心钻 A2 mm/5 mm，端面车槽刀
4		量具	游标卡尺 0.02 mm/（0～200 mm），千分尺 0.01 mm/（0～25 mm、25～50 mm、50～75 mm），齿厚游标卡尺 0.02 mm/m_x（1～16 mm），游标深度尺 0.02 mm/（0～200 mm），磁力表座及指示表，万能角度尺 2′/（0～320°）
5		工、辅具	一字旋具，活扳手，顶尖及钻夹具，其他常用工具

3. 考核时限

完成本题操作基本时间为 150 min；每超过 10 min 从本题总分中扣除 10%，操作超过 20 min 本题零分。

4. 评分项目及标准

锥头双线蜗杆评分项目及标准

评分项目	评分要点	配分比重（%）	评分标准及扣分	得分
1. 外圆	ϕ30$^{0}_{-0.033}$ mm、$Ra \leq 1.6$ μm	5，4	每超差 0.01 mm 扣该项配分的 1/2　Ra 每降 1 级扣该项配分的 1/2	
	ϕ38 mm	2	未注公差超差不得分	
2. 工件锥体及端面槽要求	外径 ϕ48 mm	3		
	锥体角度 90°±4′，$Ra \leq 1.6$ μm 两处	5，5×2	Ra 降级不得分	
	槽内径 ϕ30$^{+0.052}_{0}$ mm	3	每超差 0.01 mm 扣该项配分的 1/2	
	槽外径 ϕ18$^{0}_{-0.043}$ mm	3		
3. 内孔	ϕ20$^{+0.021}_{0}$ mm，$Ra \leq 1.6$ μm	5，4	每超差 0.01 mm 扣该项配分的 1/2　Ra 每降 1 级扣该项配分的 1/2	

续表

评分项目	评分要点	配分比重（%）	评分标准及扣分	得分
4. 二线蜗杆	双线右旋	2	超差不得分	
	外径 $\phi48$ mm，$Ra \leqslant 1.6$ μm	2，4	未注公差超差不得分 Ra 每降 1 级扣该项配分的 1/2	
	中径 $\phi40$ mm	2	超差不得分	
	齿厚为 $6.16_{-0.152}^{-0.022}$ mm　两处	4×2	每超差 0.01 mm 扣该项配分的 1/2	
	$Ra \leqslant 1.6$ μm　两处	4×2	Ra 降级不得分	
5. 几何公差	圆跳动公差为 0.018 mm	2	超差不得分	
6. 长度	120 mm、60 mm、20 mm、8 mm 两处	1×5	未注公差超差不得分	
	(24 ± 0.07) mm，$10_{0}^{+0.1}$ mm，$30_{0}^{+0.15}$ mm	3×3	每超差 0.01 mm 扣该项配分的 1/2	
7. 倒角	20°　两处	1×2	未注公差超差不得分	
	$C1$ mm　两处	1×2		
8. 表面粗糙度	$Ra \leqslant 3.2$ μm　10 处	1×10	Ra 每降 1 级扣该项配分的 1/2	
合计		100		

【题目 10】 三线蜗杆

三线蜗杆加工尺寸如下图所示。

1. 考核要求

（1）工件外圆要求

三线蜗杆外径尺寸为 $\phi35_{-0.016}^{0}$ mm、$Ra \leqslant 1.6$ μm 两处，$\phi40_{-0.025}^{0}$ mm。

（2）三线蜗杆要求

蜗杆为三线右旋，外径尺寸为 $\phi84_{-0.046}^{0}$ mm，中径尺寸为 $\phi76$ mm，底径尺寸为 $\phi66.4$ mm，齿厚为 $6.2_{-0.146}^{-0.093}$ mm，由于蜗杆为三线，故应测量三线齿厚的误差值。

（3）工件沟槽要求

4 mm×3 mm。

（4）几何公差要求

工件以两侧的 $\phi35_{-0.016}^{0}$ mm 的轴线为公共基准 A—B，蜗杆对它的圆跳动公差为 0.025 mm。

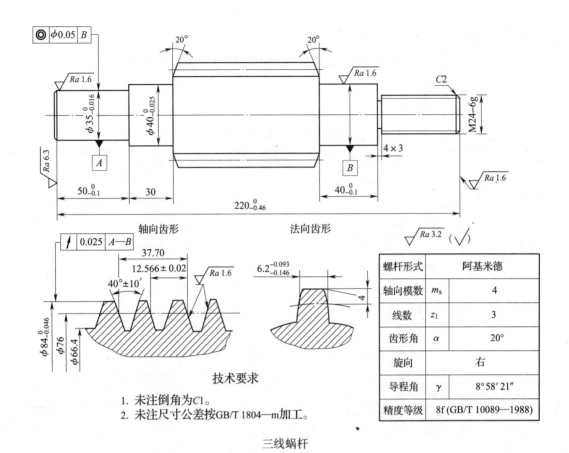

技术要求

1. 未注倒角为C1。
2. 未注尺寸公差按GB/T 1804—m加工。

三线蜗杆

螺杆形式		阿基米德
轴向模数	m_x	4
线数	z_1	3
齿形角	α	20°
旋向		右
导程角	γ	8°58′21″
精度等级		8f (GB/T 10089—1988)

（5）长度尺寸要求

$220 _{-0.46}^{0}$ mm、$40 _{-0.1}^{0}$ mm、$50 _{-0.1}^{0}$ mm、30 mm。

（6）螺纹尺寸要求

M24 ×6g，用螺纹环规检测。

2. 准备工作

加工三线蜗杆的准备事项

序号	名称		准 备 事 项
1	材料		45 钢，ϕ90 mm ×225 mm
2	设备		CA6140 型车床，三爪自定心卡盘、四爪单动卡盘及卡盘扳手
3	工艺装备	刃具	90°车刀、45°弯头车刀、40°蜗杆车刀、车槽刀、外圆精车刀、中心钻 A2 mm/5 mm
4		量具	游标卡尺 0.02 mm/（0 ~ 150 mm、0 ~ 300 mm），千分尺 0.01 mm/（25 ~ 50 mm、75 ~ 100 mm），齿厚游标卡尺 0.02 mm/m_x（1 ~ 16 mm），磁力表座及指示表
5		工、辅具	一字旋具、活扳手、顶尖及钻夹具、其他常用工具

3. 考核时限

完成本题操作基本时间为 150 min；每超过 10 min 从本题总分中扣除 10%，操作超过 20 min 本题零分。

4. 评分项目及标准

三线蜗杆评分项目及标准

评分项目	评分要点	配分比重（%）	评分标准及扣分	得分
1. 外圆	$\phi35_{-0.016}^{0}$ mm、$Ra \leqslant 1.6$ μm 两处	2×5，4	超差不得分 Ra 每降 1 级扣该项配分的 1/2	
	$\phi40_{-0.025}^{0}$ mm	5	超差不得分	
2. 螺纹	M24×6g	5	超差不得分	
3. 三线蜗杆	蜗杆为三线右旋	2	超差不得分	
	外径 $\phi84_{-0.046}^{0}$ mm	4	超差不得分	
	中径 $\phi76$ mm	2	未注公差超差不得分	
	底径 $\phi66.4$ mm	3		
	齿厚为 $6.2_{-0.146}^{-0.093}$ mm 3 处	5×3	超差不得分	
	齿侧面 $Ra \leqslant 1.6$ μm 两处	5×2	Ra 降级不得分	
4. 外沟槽	4 mm × 3 mm	2	未注公差超差不得分	
5. 几何公差	圆跳动公差 0.025 mm	2	超差不得分	
6. 长度	$220_{-0.46}^{0}$ mm、$40_{-0.1}^{0}$ mm、$50_{-0.1}^{0}$ mm	2×3	超差不得分	
	30 mm	2	未注公差超差不得分	
7. 倒角	20° 两处	2×2		
	C1 mm 两处	2×2		
	倒钝锐边 6 处	1×6		
8. 表面粗糙度	$Ra \leqslant 3.2$ μm 10 处	1×10	Ra 降级不得分	
合计		100		

【题目 11】长丝杠

长丝杠加工尺寸如下图所示。

1. 考核要求

（1）螺纹部分

两头外径 $\phi36_{-0.375}^{-0.118}$ mm、$Ra \leqslant 1.6$ μm，用外径千分尺检测。

（2）螺纹牙形

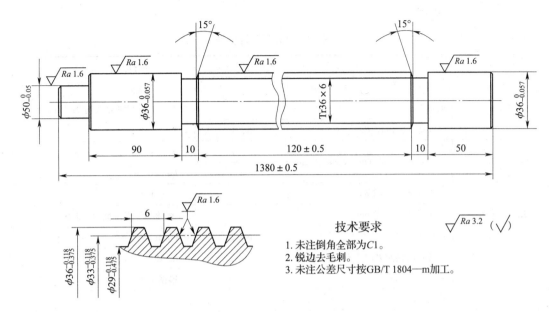

长丝杠

螺纹中径 $\phi 33^{-0.118}_{-0.375}$ mm 尺寸及牙形按照样板检测。

（3）牙形角 30°误差

按照较低级别 8 级标准值：螺距为 6 mm、精度等级为 8 级时，半角的误差为 ±25′。按照此误差标准进行检测。

（4）长度尺寸等

工件长度尺寸及倒角查未注公差表，按照 GB/T 1804—m 进行加工和检测。

2. 准备工作

加工长丝杠的准备事项

序号	名称		准 备 事 项
1	材料		$\phi 40$ mm × 1450 mm
2	设备		CA6140 型车床
3	工艺装备	刃具	90°车刀、45°弯头车刀、30°螺纹刀、车槽刀、A3.15 mm/8 mm 中心钻
4		量具	游标卡尺 0.02 mm/（0～150 mm、0～2 000 mm），千分尺 0.01 mm/（0～25 mm、25～50 mm），螺纹样板
5		工、辅具	跟刀架、中心架、钻夹头、活扳手、固定顶尖、活动顶尖

3. 考核时限

完成本题操作基本时间为 150 min；每超过 10 min 从本题总分中扣除 10%，操作超过 20 min 本题零分。

4. 评分项目及标准

长丝杠评分项目及标准

评分项目	评分要点	配分比重（%）	评分标准及扣分	得分
1. 外圆	$\phi 36_{-0.057}^{0}$ mm、$Ra \leqslant 1.6$ μm 两处	2×（5，4）	超差不得分 Ra 每降1级扣该项配分的 1/2	
	$\phi 20_{-0.05}^{0}$ mm，$Ra \leqslant 1.6$ μm	5，4		
2. 梯形外螺纹	外径 $\phi 36_{-0.375}^{-0.118}$ mm、$Ra \leqslant 1.6$ μm	5，4	超差不得分 Ra 降级不得分	
		4		
	小径 $\phi 29_{-0.475}^{-0.118}$ mm	7	超差不得分	
	中径 $\phi 33_{-0.375}^{-0.118}$ mm	2	样板检测，间隙量超过 0.1 mm 不得分	
	牙形角30°	6×2		
	牙型两侧面 $Ra \leqslant 1.6$ μm 两处	2	Ra 降级不得分	
	螺距6 mm		错误不得分	
3. 切槽	两处	3×2	未注公差按照 GB/T 1804—m 检测，超差不得分	
4. 长度	1 200±0.5 mm，1 380±0.5 mm	4×2		
5. 倒角	90 mm、10 mm、10 mm、50 mm	2×4		
	15° 两处	2×2		
	C1 mm 5处	1×5		
6. 表面粗糙度	$Ra \leqslant 3.2$ μm 6处	1×6	Ra 每降1级扣该项配分的1/2	
合计		100		

【题目12】单拐左旋四线蜗杆轴

单拐左旋四线蜗杆轴加工尺寸如下图所示。

1. 考核要求

（1）外圆直径

一侧的外圆尺寸为 $\phi 35_{-0.025}^{0}$ mm、$Ra \leqslant 1.6$ μm，其他 $\phi 35$ mm 及 $\phi 50$ mm。

（2）蜗杆部分

蜗杆为4头，齿顶圆尺寸为 $\phi 50_{-0.03}^{0}$ mm、$Ra \leqslant 1.6$ μm，齿形两侧 $Ra \leqslant 1.6$ μm 、共8处。分度圆尺寸为 $\phi 44$ mm，齿根圆尺寸为 $\phi 36.8$ mm，齿根圆直径按照未注公差要求检测。法向齿厚为 $4.55_{-0.078}^{-0.025}$ mm，按照齿厚卡尺检测。

（3）偏心拐轴

偏心拐轴尺寸为 $\phi 25_{-0.021}^{0}$ mm、$Ra \leqslant 1.6$ μm，偏心距为（10±0.04）mm，公差值可在 V 形架上转动工件压表检测。

（4）几何公差

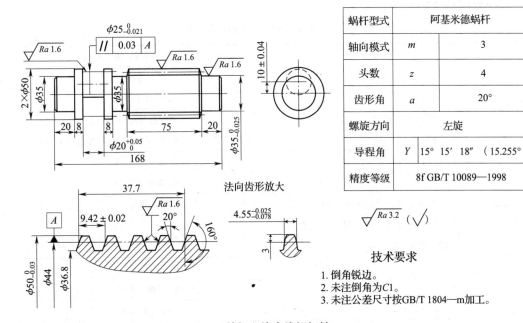

蜗杆型式	阿基米德蜗杆	
轴向模式	m	3
头数	z	4
齿形角	a	20°
螺旋方向	左旋	
导程角	Y	15° 15′ 18″（15.255°）
精度等级	8f GB/T 10089—1998	

法向齿形放大

$\sqrt{Ra\ 3.2}\ (\ \sqrt{}\ )$

技术要求

1. 倒角锐边。
2. 未注倒角为 $C1$。
3. 未注公差尺寸按 GB/T 1804—m 加工。

单拐左旋多线蜗杆轴

偏心拐轴线对螺纹轴线的平行度公差为 0.03 mm，可在 V 形架上转动工件 90°两次再上母线压表，在垂直的两个方向轴向移动指示表检测平行度。

2. 准备工作

加工单拐左旋多线蜗杆轴的准备事项

序号	名称		准 备 事 项
1	材料		圆钢，ϕ55 mm×173 mm
2	设备		CA6140 型车床
3	工艺装备	刃具	90°车刀、45°弯头车刀、40°蜗杆刀、A3.15 mm/8 mm 中心钻、车槽刀
4		量具	游标卡尺 0.02 mm/（0～200 mm），千分尺 0.01 mm/（25～50 mm、50～75 mm），对刀样板，齿厚游标卡尺 0.02 mm/m_x（1～16 mm），钢直尺，牙型样板，磁座百分表 0.01 mm/（0～10 mm）
5		工、辅具	一字旋具，活扳手，顶尖及钻夹具，其他常用工具

3. 考核时限

完成本题操作基本时间为 180 min；每超过 10 min 从本题总分中扣除 10%，操作超过 20 min 本题零分。

4. 评分项目及标准

单拐左旋四线蜗杆轴评分项目及标准

评分项目	评分要点	配分比重（%）	评分标准及扣分	得分
1. 外圆	$\phi 35_{-0.025}^{0}$ mm，$Ra \leqslant 1.6$ μm	4，3	超差不得分 Ra 降级不得分	
	$\phi 35$ mm　两处	1×2	未注公差超差不得分	
	$\phi 50$ mm　两处	2×2	Ra 每降1级扣该项配分的1/2	
2. 偏心拐轴	$\phi 25_{-0.021}^{0}$ mm，$Ra \leqslant 1.6$ μm	4，3	超差不得分 Ra 降级不得分	
	偏心距为（10±0.04）mm	5	超差不得分	
	偏心拐轴线对螺纹轴线的平行度公差为0.03 mm	4	超差不得分	
3. 四线蜗杆	$\phi 50_{-0.03}^{0}$ mm，$Ra \leqslant 1.6$ μm	4，3	超差不得分 Ra 降级不得分	
	$\phi 36.8$ mm	2	未注公差超差不得分	
	法向齿厚 $4.55_{-0.078}^{-0.025}$ mm　4处	3×4	超差不得分	
	牙型角40°　4处	1×4	样板检测，间隙量超过0.1 mm不得分	
	牙型两侧面 $Ra \leqslant 1.6$ μm　（8处）	3×8	Ra 降级不得分	
	四线数	1	线数错误不得分	
4. 长度	20 mm、8 mm、8 mm、75 mm、20 mm、168 mm	1×6	未注公差超差不得分	
5. 倒角	20°倒角　两处	0.5×2		
	未注倒角 C1mm　6处	0.5×6		
6. 表面粗糙度	$Ra \leqslant 3.2$ μm　11处	1×11	Ra 每降1级扣该项配分的1/2	
合计		100		

第3章 偏心件及曲轴加工

考 核 要 点

操作技能考核范围		考核要点	重要程度
双偏心零件的加工	双偏心套筒	车削双偏心套筒	★★★
	车削双偏心轴、套	车削同向双偏心轴	★★★
		车削双偏心套	★★★
四拐曲轴的加工		四拐曲轴装夹步骤	★★★
		四拐曲轴加工步骤	★★
缺圆块状零件的加工		加工凸轮 R140 mm 缺圆部位	★★★

注："重要程度"中"★"为级别最低，"★★★"为级别最高。

操作技能辅导练习题

【题目13】双偏心轴

双偏心轴加工尺寸如下图所示。

1. 考核要求

（1）同向双偏心轴外圆直径

中间外圆尺寸为 $\phi 42^{-0.025}_{-0.050}$ mm、$Ra \leq 1.6$ μm 及两端偏心外圆尺寸为 $\phi 30^{\ 0}_{-0.041}$ mm、$Ra \leq$ 1.6 μm 是工件的主要加工部分，偏心距为（3±0.05）mm，在 V 形架上用百分表检验，百分表显示值为（6±0.10）mm。

（2）同向双偏心轴其他要求

长度 100 mm、70 mm、30 mm 按照未注公差 GB/T 1804—m 值检测。中心孔 A2.5 mm/5.3 mm（两处），要求中心孔锥孔大端直径为 5.3 mm，$Ra \leq 1.6$ μm。

（3）偏心夹具

内孔 $\phi 42^{+0.025}_{\ 0}$ mm、$Ra \leq 1.6$ μm 及外圆 $\phi 60$ mm 有偏心距（3±0.02）mm 尺寸要求，偏心夹具是保证同向双偏心轴两端中心孔的重要基准，可保证尺寸公差范围。

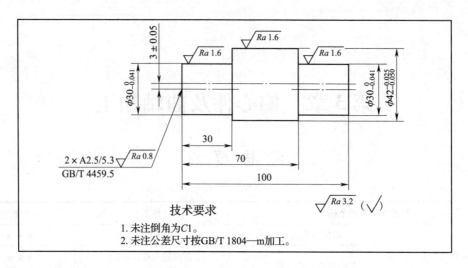

技术要求

1. 未注倒角为 $C1$。
2. 未注公差尺寸按GB/T 1804—m加工。

双偏心轴

（4）其他要求

偏心夹具长度为 40 mm，两处倒角为 $C1$ mm，按照未注公差 GB/T 1804—m 值检测。其余 $Ra \leqslant 3.2$ μm，降级不合格。

> **重点提示**：加工偏心轴需要自做偏心夹具，偏心夹具在评分项目中。

2. 准备工作

加工双偏心轴的准备事项

序号	名称		准 备 事 项
1	材料		45 钢，ϕ47 mm × 130 mm
2	设备		CA 6140 型车床
3	工艺装备	刃具	90°粗车刀、45°弯头车刀、90°精车刀、中心钻 A2.5 mm/6.3 mm、内孔车刀、ϕ38 mm 钻头
4		量具	游标卡尺 0.02 mm/（0～150 mm），千分尺 0.01 mm/（25～50 mm），磁座百分表 0.01 mm/（0～10 mm），内径百分表 0.01 mm/（35～50 mm），
5		工、辅具	自制偏心套、铜皮、一字旋具、活扳手、顶尖及钻夹具、其他常用工具

3. 考核时限

完成本题操作基本时间为 150 min；每超过 10 min 从本题总分中扣除 10%，操作超过 20 min 本题为零分。

4．评分项目及标准

双偏心轴评分项目及标准

评分项目		评分要点	配分比重（%）	评分标准	得分
双偏心轴	1．外圆	中间外圆 $\phi42_{-0.050}^{-0.025}$ mm、$Ra \leqslant$ 1.6 μm	10、5	超差不得分 Ra 降级不得分	
		左端偏心直径 $\phi30_{-0.041}^{0}$ mm、$Ra \leqslant 1.6$ μm	10、5		
		右端偏心直径 $\phi30_{-0.041}^{0}$ mm、$Ra \leqslant 1.6$ μm	10、5		
	2．长度	100 mm、70 mm、30 mm	2×3	未注公差超差不得分	
	3．偏心距	（3±0.05）mm	10	超差不得分	
	4．中心孔	A2.5 mm/5.3 mm、$Ra \leqslant 1.6$ μm（两处）	2×2	未注公差超差不得分 Ra 降级不得分	
	5．倒角	$C1$ mm（3 处）	2×3	未注公差超差不得分	
	6．表面粗糙度	$Ra \leqslant 3.2$ μm（两处）	2×2	Ra 降级不得分	
偏心夹具	1．内孔	$\phi42_{0}^{+0.025}$ mm、$Ra \leqslant 1.6$ μm	10、5	超差不得分 Ra 降级不得分	
	2．外径	$\phi60$ mm	2	未注公差超差不得分	
	3．偏心距	（3±0.02）mm	6	超差不得分	
	4．长度	40 mm	2	未注公差超差不得分	
合计			100		

【题目 14】双偏心套筒

双偏心套筒加工尺寸如下图所示。

1．考核要求

（1）工件外圆要求

$\phi62_{-0.041}^{0}$ mm、$Ra \leqslant 1.6$ μm 的外圆为偏心划线和找正、测量的基准，轴线为基准轴线。

（2）工件内孔要求

$\phi45_{0}^{+0.027}$ mm、$Ra \leqslant 1.6$ μm 内孔用内径百分表进行检测，应符合要求。

（3）偏心内孔要求

两处 $\phi18_{0}^{+0.021}$ mm、$Ra \leqslant 1.6$ μm 的偏心孔中，要求划线、找正、测量偏心距及加工偏心孔，可在两孔中插入两个检验棒进行检测。

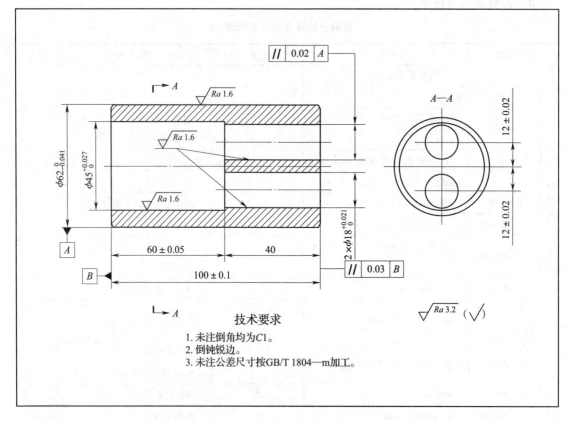

双偏心套筒

（4）偏心孔距要求

该偏心套在180°方向有对称偏心孔，偏心距为（12±0.02）mm。

（5）几何公差要求

1）两处 $\phi 18^{+0.021}_{0}$ mm 偏心孔中心线对外圆基准轴线的平行度公差为 0.02 mm。

2）右端面对左端面的平行度公差为 0.03 mm。

（6）长度尺寸

（60±0.05）mm 用游标高度尺进行检测。（100±0.1）mm 用外径千分尺检测。40 mm 按照未注公差 GB/T 1804—m 值检测。

（7）其他

倒角 C1 mm（两处），Ra≤3.2 μm（两处）等要符合要求。

重点提示：车削偏心孔时根据划出的参考线，采用量块测量的方法找正工件的偏心距。

2. 准备工作

加工双偏心套筒的准备事项

序号	名称		准 备 事 项
1	材料		圆钢，ϕ67 mm×120 mm
2	设备		CA6140 型车床，四爪单动卡盘
3	工艺装备	刃具	90°车刀、切断刀、45°弯头车刀、内孔粗车刀、内孔精车刀、ϕ16 mm 钻头、ϕ42 mm 钻头
4		量具	游标卡尺 0.02 mm/（0~150 mm），千分尺 0.01 mm/（0~25 mm、25~50 mm、50~75 mm），磁座百分表 0.01 mm/（0~30 mm），内径百分表 0.01 mm/（18~35 mm），游标高度尺 0.02 mm/（0~300 mm）
5		工、辅具	方箱、一字旋具、活扳手、顶尖及钻夹具、其他常用工具、划线盘

3. 考核时限

完成本题操作基本时间为 150 min；每超过 10 min 从本题总分中扣除 10%，操作超过 20 min 本题为零分。

4. 评分项目及标准

双偏心套筒评分项目及标准

评分项目	评分要点	配分比重（%）	评分标准	得分
1. 外圆	ϕ62$_{-0.041}^{0}$ mm、$Ra \leq 1.6$ μm	8、6	超差不得分 Ra 降级不得分	
2. 内孔	ϕ45$_{0}^{+0.027}$ mm、$Ra \leq 1.6$ μm	8、6	每超差 0.01 mm 扣该项配分的 1/2 Ra 每降 1 级扣该项配分的 1/2	
3. 偏心内孔	ϕ18$_{0}^{+0.021}$ mm、$Ra \leq 1.6$ μm（两处）	8×2、6×2	超差不得分 Ra 降级不得分	
4. 偏心孔距	（12±0.02）mm（两处）	5×2	每超差 0.01 mm 扣该项配分的 1/2	
5. 几何公差	偏心孔对工件轴线的平行度公差为 0.02 mm	4	超差不得分	
	2×ϕ18$_{0}^{+0.021}$ mm 偏心圆中心线对外圆基准轴线的平行度公差为 0.02 mm	4		
	右端面对左端面的平行度公差为 0.03 mm	4		
6. 长度	（60±0.05）mm	4		
	（100±0.1）mm	4		
	40 mm	2	未注公差超差不得分	

评分项目	评分要点	配分比重（%）	评分标准	得分
7. 倒角	$C1$ mm（4处）	2×4	未注公差超差不得分	
8. 表面粗糙度	$Ra \leq 3.2$ μm（两处）	2×2	Ra 降级不得分	
合计		100		

【题目15】偏心轴

偏心轴加工尺寸如下图所示。

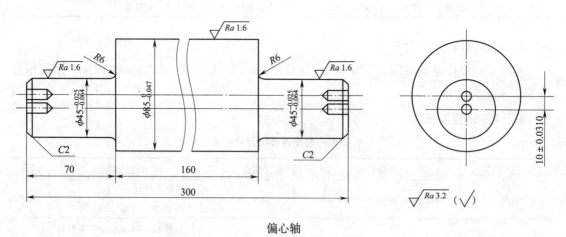

偏心轴

1. 考核要求

（1）工件外圆要求

$\phi 85 _{-0.047}^{0}$ mm、$Ra \leq 1.6$ μm 的外圆为两侧偏心圆的找正、测量基准，轴线为基准轴线。

（2）工件偏心外圆要求

$\phi 45 _{-0.064}^{-0.025}$ mm、$Ra \leq 1.6$ μm（两处）的外圆，偏心于 $\phi 85 _{-0.047}^{0}$ mm 外圆的轴线 （10 ± 0.031）mm。用磁座百分表进行找正，用偏心中心孔装夹进行车削。

（3）长度尺寸

300 mm、160 mm、70 mm 按照未注公差 GB/T 1804—m 值检测。

（4）其他

倒角 $C2$ mm（两处），要符合设计要求。

> **重点提示：** 车削偏心外圆时根据划出的参考线，利用磁座百分表进行找正后，钻削工件偏心中心孔。

2. 准备工作

加工偏心轴的准备事项

序号	名称		准 备 事 项
1	材料		45 钢，$\phi 90$ mm × 305 mm
2	设备		CA6140 型车床，四爪单动卡盘
3	工艺装备	刃具	45°弯头车刀、90°外圆车刀、凸圆弧车刀、A3.15 mm/8 mm 中心钻
4		量具	游标卡尺 0.02 mm/（0~150 mm、0~300 mm），千分尺 0.01 mm/（25~50 mm、75~100 mm），磁座百分表 0.01 mm/（0~30 mm），游标高度尺 0.02 mm/（0~200 mm），钢直尺等
5		工、辅具	划线盘、一字旋具、活扳手、其他常用工具

3. 考核时限

完成本题操作基本时间为 150 min；每超过 10 min 从本题总分中扣除 10%，操作超过 20 min 本题为零分。

4. 评分项目及标准

偏心轴评分项目及标准

评分项目	评分要点	配分比重（%）	评分标准	得分
1. 外圆	$\phi 85_{-0.047}^{\ 0}$ mm、$Ra \leqslant 1.6$ μm	9、6	超差不得分 Ra 降级不得分	
2. 工件偏心外圆	$\phi 45_{-0.064}^{-0.025}$ mm、$Ra \leqslant 1.6$ μm（两处）	8×2、6×2	超差不得分 Ra 降级不得分	
3. 偏心距	（10±0.031）mm（两处）	10×2	每超差 0.01 mm 扣该项配分的 1/2	
4. 长度	300 mm、160 mm、70 mm	3×3		
5. 倒角	C 2 mm（两处）	3×2	未注公差超差不得分	
	R 6 mm（两处）	5×2		
6. 表面粗糙度	$Ra \leqslant 3.2$ μm（6 处）	2×6	Ra 降级不得分	
合计		100		

【题目 16】三拐曲轴

三拐曲轴加工尺寸如下图所示。

1. 考核要求

（1）工件外圆要求

两处主轴颈 $\phi 30_{-0.013}^{\ 0}$ mm、$Ra \leqslant 1.6$ μm 的轴线为公共基准轴线 A、B，作为曲柄颈的找正、测量平行度的基准。

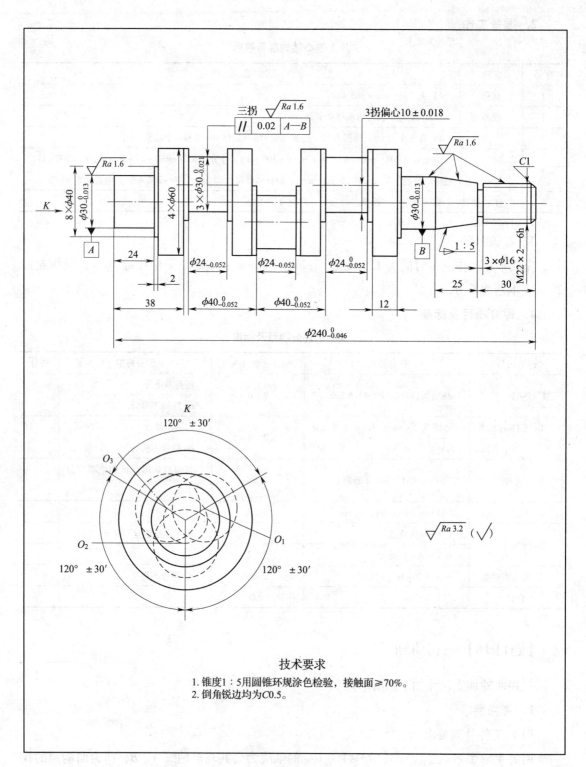

技术要求

1. 锥度 1∶5 用圆锥环规涂色检验，接触面 ≥70%。
2. 倒角锐边均为 C0.5。

三拐曲轴

外圆 $\phi60$ mm（4 处）、台阶 $\phi40$ mm（8 处）。

（2）工件曲柄颈外圆要求

三处曲柄颈 $\phi30_{-0.021}^{0}$ mm、$Ra \leqslant 1.6$ μm 用磁座百分表进行找正，用偏心中心孔进行装夹。

（3）偏心距

（10 ± 0.018）mm（3 处）。

（4）锥度尺寸

1:5，$Ra \leqslant 1.6$ μm。

（5）螺纹

M22×2—6h。

（6）长度尺寸

$240_{-0.046}^{0}$ mm、$40_{-0.052}^{0}$ mm（两处）、$24_{-0.052}^{0}$ mm（3 处）。

38 mm、24 mm、12 mm、25 mm、30 mm、2 mm（8 处），按照未注公差 GB/T 1804—m 值检测。

（7）沟槽

3 mm × $\phi16$ mm。

（8）其他

倒角 C1 mm（两处），倒钝锐边 C0.5 mm（17 处）。

（9）表面粗糙度

$Ra \leqslant 3.2$ μm（10 处）。

> **重点提示**：利用磁座百分表进行找正，钻削工件偏心中心孔。用两顶尖装夹工件车削主轴颈和曲柄颈。

2. 准备工作

加工三拐曲轴的准备事项

序号	名称		准 备 事 项
1	材料		45 钢，$\phi65$ mm ×245 mm
2	设备		CA6140 型车床，四爪单动卡盘
3	工艺装备	刃具	45°弯头车刀、90°外圆车刀、曲轴车槽刀、沟槽刀、A3.15mm/8mm 中心钻、M22 螺纹车刀
4		量具	游标卡尺 0.02 mm/（0~150 mm，0~300 mm），千分尺 0.01 mm/（25~50 mm），磁座百分表 0.01 mm/（0~30 mm），游标高度尺 0.02 mm/（0~200 mm），钢直尺等
5		工、辅具	活顶尖、划线盘、V 形架、一字旋具、活扳手、其他常用工具

3. 考核时限

完成本题操作基本时间为 150 min；每超过 10 min 从本题总分中扣除 10%，操作超过 20 min 本题为零分。

4. 评分项目及标准

三拐曲轴评分项目及标准

评分项目	评分要点	配分比重（%）	评分标准	得分
1. 外圆	主轴颈 $\phi30_{-0.013}^{0}$ mm、$Ra \leqslant$ 1.6 μm（两处）	3×2、3×2	超差不得分 Ra 降级不得分	
	$\phi60$ mm（4 处）	1×4	未注公差超差不得分	
	$\phi40$ mm（8 处）	1×8		
	曲柄颈 $\phi30_{-0.021}^{0}$ mm、$Ra \leqslant$ 1.6 μm（3 处）	4×3、4×3	每超差 0.01 mm 扣该项配分的 1/2 Ra 降级不得分	
2. 偏心距	（10±0.018）mm（3 处）	3×3	超差不得分	
3. 曲拐夹角	120°±30′（3 处）	3×3		
4. 锥度尺寸	1:5，$Ra \leqslant 1.6$ μm	3×2	超差不得分 Ra 降级不得分	
5. 螺纹	M22×2—6h	2		
6. 长度	$240_{-0.046}^{0}$ mm，$40_{-0.052}^{0}$ mm（两处），$24_{-0.052}^{0}$ mm（3 处）	1×6	超差不得分	
	38 mm、24 mm、12 mm、25 mm、30 mm、2 mm（8 处）	0.5×6	未注公差超差不得分	
7. 沟槽	3 mm×$\phi16$ mm	1		
8. 倒角	倒角 C1 mm（两处）	1×2		
	倒钝锐边 C0.5 mm（17 处）	0.5×18		
9. 表面粗糙度	$Ra \leqslant 3.2$ μm（10 处）	0.5×10	Ra 降级不得分	
合计		100		

【题目 17】四拐曲轴

四拐曲轴加工尺寸如下图所示。

1. 考核要求

（1）工件外圆要求

两侧主轴颈尺寸为 $\phi30_{+0.002}^{+0.015}$ mm、$Ra \leqslant 1.6$ μm。

左侧键槽处尺寸为 $\phi27_{-0.021}^{0}$ mm、$Ra \leqslant 1.6$ μm。

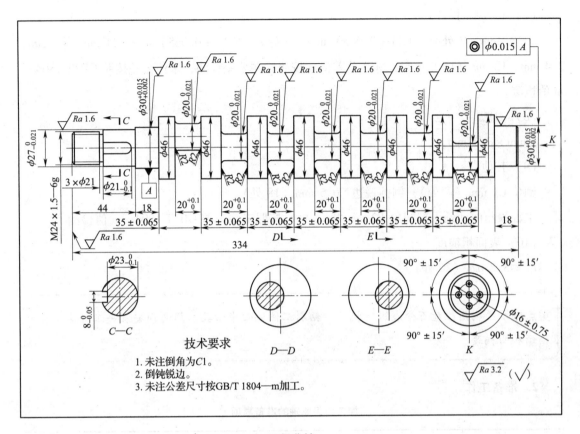

技术要求
1. 未注倒角为 C1。
2. 倒钝锐边。
3. 未注公差尺寸按 GB/T 1804—m 加工。

四拐曲轴

外圆 $\phi46$ mm（8 处）。

（2）工件曲柄颈外圆要求

曲柄颈尺寸为 $\phi20_{-0.021}^{\ 0}$ mm、$Ra \leqslant 1.6$ μm（7 处）。

（3）几何公差要求

两侧主轴颈 $\phi30_{+0.002}^{+0.015}$ mm、$Ra \leqslant 1.6$ μm 的轴线为基准轴线，作为曲柄颈的找正、测量基准，右端主轴颈 $\phi30_{+0.002}^{+0.015}$ mm 对左端主轴颈 $\phi30_{+0.002}^{+0.015}$ mm 的同轴度公差为 $\phi0.015$ mm。

（4）偏心圆要求

ϕ（16±0.075）mm（4 处）。偏心距为（8±0.037 5）mm。

（5）曲柄颈转角精度

划线的准确程度需要进行检验，当检验不合格时，要进行中心孔的修正。

分度 90°±15′（4 处），用量块或精密分度头进行四拐分度检测。

（6）螺纹尺寸

M24×1.5—6g。通规过、止规不过合格；通规不过或止规过不合格。

（7）长度尺寸

$20_{\ 0}^{+0.1}$ mm（7 处）、（35 ± 0.065）mm（6 处）、（32 ± 0.065）mm、24 mm、44 mm、334 mm、18 mm（两处）等，标注公差值的按照标注公差检测，未注公差按照 GB/T 1804—m 值检测。

（8）沟槽

3 mm × ϕ21 mm。

（9）其他

倒角 C1 mm（两处），倒钝锐边 C0.5 mm（18 处）。

主轴颈与曲柄颈根部圆角 R2 mm 共 14 处，按照未注公差 GB/T 1804—m 值检测。

（10）表面粗糙度

$Ra \leqslant 3.2$ μm（20 处）。

> **重点提示：** 利用磁座百分表进行找正，钻削工件偏心中心孔。用两顶尖装夹工件车削主轴颈和曲柄颈。

2. 准备工作

加工四拐曲轴的准备事项

序号	名称		准 备 事 项
1	材料		45 钢，ϕ52 mm × 340 mm
2	设备		CA6140 型车床，四爪单动卡盘
3	工艺装备	刃具	90°车刀，45°弯头车刀，90°外圆左，右窄车刀，R2 mm 外圆弧车刀，高速钢精车刀，外圆车槽刀，外螺纹车刀
4		量具	游标高度尺 0.02 mm（0～300 mm）、游标深度尺 0.02 mm（0～200 mm）、游标卡尺 0.02 mm/（0～150 mm、0～500 mm），千分尺 0.01 mm/（0～25 mm、25～50 mm），磁座百分表 0.01 mm/（0～30 mm）、M24×1.5—6G 螺纹环规
5		工、辅具	工艺软爪、铜皮、一字旋具、活扳手、顶尖及钻夹具、其他常用工具、划规、样冲、划线盘、方箱、铜皮、V 形架

3. 考核时限

完成本题操作基本时间为 150 min；每超过 10 min 从本题总分中扣除 10%，操作超过 20 min 本题为零分。

4．评分项目及标准

四拐曲轴评分项目及标准

评分项目	评分要点	配分比重（%）	评分标准	得分
1．外圆	主轴颈 $\phi30^{+0.015}_{+0.002}$ mm、$Ra \leqslant$ 1.6 μm（两处）	3×2、3×2	超差不得分 Ra 降级不得分	
	左侧键槽处 $\phi27^{0}_{-0.021}$ mm、$Ra \leqslant$ 1.6 μm	1、1		
	$\phi46$ mm（8 处）	0.5×8	未注公差超差不得分	
2．曲柄颈外圆	曲柄颈 $\phi20^{0}_{-0.021}$ mm、$Ra \leqslant$ 1.6 μm（7 处）	3×7，3×7	超差不得分 Ra 降级不得分	
3．几何公差	同轴度公差为 $\phi0.015$ mm	1		
4．偏心圆	偏心距为（8±0.037 5）mm（4 处）	2×4		
5．曲柄颈转角	分度90°±15′（4 处）	1×4	超差不得分	
6．螺纹	M24×1.5—6g	2		
7．长度	$20^{+0.1}_{0}$ mm（7 处）、（35±0.065）mm（6 处），（32±0.065）mm	0.5×14		
	24 mm、44 mm、334 mm、18 mm（两处）	0.5×5		
8．沟槽	3 mm×$\phi21$ mm	0.5	未注公差超差不得分	
9．倒角	倒角 $C1$ mm（两处）	1×2		
	倒钝锐边为 $C0.5$ mm（18 处）	0.25×18		
	圆角 $R2$ mm（14 处）	0.25×14		
10．表面粗糙度	$Ra \leqslant 3.2$ μm（20 处）	0.25×20	Ra 降级不得分	
合计		100		

【题目 18】块状缺圆体

块状缺圆体加工尺寸如下图所示。

1．考核要求

工件要求：块状缺圆体中，缺圆尺寸在 $77°21′52″$ 的扇面夹角内，外圆半径尺寸为 $R140$ mm、内圆半径尺寸为 $R80$ mm、腰部宽度为（20±0.105）mm，由于内、外圆弧直径的不一致，整个弓形的宽度尺寸并不一致，内、外圆表面粗糙度 $Ra \leqslant 1.6$ μm。

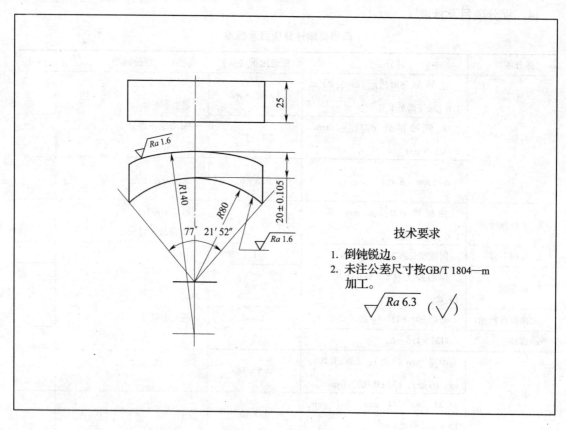

技术要求

1. 倒钝锐边。
2. 未注公差尺寸按GB/T 1804—m 加工。

$\sqrt{Ra\,6.3}$ ($\sqrt{}$)

块状缺图体

2. 准备工作

加工块状缺圆体的准备事项

序号	名称		准备事项
1	材料		35 钢，尺寸为 110 mm×50 mm×30 mm 的钢板
2	设备		CA6140 型车床，花盘或四爪单动卡盘
3	工艺装备	刃具	90°外圆车刀、90°内孔车刀、45°弯头车刀
4		量具	游标卡尺 0.02 mm/（0～300 mm），游标高度尺 0.02 mm/（0～300 mm），内卡钳，磁座百分表 0.01 mm/（0～5 mm）
5		工、辅具	花盘孔定位测量套、螺钉、压板（两套）、划线平台，方箱，划线盘，顶尖及钻夹具，活扳手、旋具等常用工具，计算器

3. 考核时限

完成本题操作基本时间为 150 min；每超过 10 min 从本题总分中扣除 10%，操作超过 20 min 本题为零分。

4. 评分项目及标准

块状缺圆体评分项目及标准

评分项目	评分要点	配分比重（%）	评分标准	得分
1. 下料	100 mm×40.5 mm×25 mm	20	未注公差超差不得分	
2. 形体	$R80$ mm、$R140$ mm	15×2	未注公差超差不得分	
	$Ra \leq 1.6$ μm（两处）	10×2	Ra 每降 1 级扣该项配分的 1/2	
3. 腰宽	（20±0.105）mm	10	每超差 0.01 mm 扣该项配分的 1/2	
4. 边宽	28.32 mm（两处）	10×2	未注公差超差不得分	
合计		100		

第4章 箱体孔加工

考 核 要 点

操作技能考核范围		考核要点	重要程度
齿轮减速箱体类加工	箱体孔加工技术	箱体孔加工	★★★
	箱体尺寸测量技术	箱体尺寸测量	★★★
蜗轮减速箱体类加工		加工蜗轮箱体	★★★
锥齿轮座类加工		垂直相贯孔齿轮箱体加工	★★

注："重要程度"中"★"为级别最低，"★★★"为级别最高。

操作技能辅导练习题

【题目19】交错孔齿轮减速箱

交错孔齿轮减速箱加工尺寸如下图所示。

1. 考核要求

（1）内孔要求

$\phi 40^{+0.025}_{0}$ mm、$Ra \leqslant 1.6$ μm（两处）；$\phi 30^{+0.025}_{0}$ mm、$Ra \leqslant 1.6$ μm（3处）。

（2）中心距要求

中心距（40±0.05）mm、（75±0.05）mm、（55±0.05）mm、（45±0.05）mm共四处。

（3）几何公差要求

以横孔 $\phi 40^{+0.025}_{0}$ mm 的轴线作为定位基准 A，以 $\phi 30^{+0.025}_{0}$ mm 孔的底面作为定位基准 D，底面 $\phi 30^{+0.025}_{0}$ mm 竖孔以 A、D 作为基准的垂直度公差为 0.05 mm。

以横孔 $\phi 30^{+0.025}_{0}$ mm 端面为基准面 B，横孔 $\phi 30^{+0.025}_{0}$ mm 的轴线垂直于端面 B 的垂直度公差 0.05 mm。

以横孔 $\phi 40^{+0.025}_{0}$ mm 的轴线作为定位基准 A，垂直于横孔 $\phi 30^{+0.025}_{0}$ mm 端面 C 基准 0.05 mm。

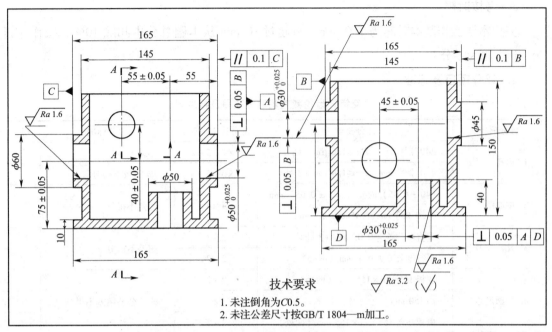

技术要求

1. 未注倒角为C0.5。
2. 未注公差尺寸按GB/T 1804—m加工。

交错孔齿轮减速箱

横孔 $\phi40^{+0.025}_{0}$ mm 的两端面平行度公差为 0.1 mm。

横孔 $\phi30^{+0.025}_{0}$ mm 的两端面平行度公差为 0.1 mm。

为保证 $\phi30^{+0.025}_{0}$ mm 孔底面作为定位基准的精度，可以对平面进行铣削加工或车削加工。平行度公差 0.1 mm 可以通过用百分表压表测量获得；三个面上孔的垂直度公差 0.05 mm 可以通过插入测量棒，将基准面定位后，测量测量棒的垂直度误差获得。

2. 准备工作

加工交错孔齿轮减速箱体的准备事项

序号	名称		准 备 事 项
1	材料		45 钢的钢板、圆钢，毛坯在焊接前准备 165 mm×165 mm×15 mm（1 块）、宽 145 mm（宽 125 mm）×高 145 mm×10 mm（两种各两块）、$\phi60$ mm（$\phi45$ mm）×15 mm（两种凸台各两块）、$\phi50$ mm×30 mm 圆钢（1 块），将材料组合焊成箱体
2	设备		CA6150 型车床、花盘、角铁
3	工艺装备	刃具	90°外圆车刀，45°弯头车刀，75°内孔车刀，内孔精车刀，$\phi27$、$\phi37$ mm 钻头
4		量具	游标卡尺 0.02 mm/（0～300 mm），千分尺 0.01 mm（25～50 mm、50～75 mm），游标高度尺 0.02 mm/（0～300 mm），内径百分表 0.01 mm（18～35 mm、35～50 mm），磁座百分表 0.01 mm/（0～10 mm），量块，自制量棒
5		工、辅具	角铁及压板、螺钉、测量棒、划规、样冲、划线盘、平台、方箱、一字旋具、活扳手、顶尖及钻夹具、其他常用工具

3．考核时限

完成本题操作基本时间为 150 min；每超过 10 min 从本题总分中扣除 10%，操作超过 20 min 本题为零分。

4．评分项目及标准

交错孔齿轮减速箱评分项目及标准

评分项目	评分要点	配分比重（%）	评分标准	得分
1．内孔	$\phi 40^{+0.025}_{0}$ mm、$Ra \leqslant 1.6$ μm（两处）	5×2、5×2	超差不得分	
	$\phi 30^{+0.025}_{0}$ mm、$Ra \leqslant 1.6$ μm（3 处）	5×3、5×3	Ra 降级不得分	
2．中心距	（40±0.05）mm、（75±0.05）mm、（55±0.05）mm、（45±0.05）mm	4×4	超差不得分	
3．几何公差	垂直度公差为 0.05 mm（3 处）	2×3	超差不得分	
	平行度公差为 0.1 mm（两处）	3×2		
4．外廓尺寸	底板 165 mm×165 mm（两处）	2×2	未注公差超差不得分	
	高 150 mm	2		
	侧板凸台 165 mm×165 mm（两处）	2×2		
5．表面粗糙度	$Ra \leqslant 3.2$ μm（6 处）	1×6	Ra 降级不得分	
6．倒角	$C0.5$ mm（6 处）	1×6	未注公差超差不得分	
合计		100		

【题目 20】 垂直相贯孔齿轮箱

垂直相贯孔齿轮箱加工尺寸如下图所示。

1．考核要求

（1）内孔要求

$\phi 35^{+0.025}_{0}$ mm、$Ra \leqslant 1.6$ μm（两处）。

$\phi 40^{+0.025}_{0}$ mm、$Ra \leqslant 1.6$ μm。

（2）箱体尺寸

箱体轮廓尺寸 150 mm×150 mm×110 mm，按照未注公差 GB/T 1804—m 值检测。

（3）中心距

中心距为（70±0.05）mm，用游标高度尺或量块进行检验。

（4）几何公差

右端 $\phi 35^{+0.025}_{0}$ mm 孔的轴线为基准轴线，左端 $\phi 35^{+0.025}_{0}$ mm 孔对于它的同轴度公差为 $\phi 0.02$ mm。

$\phi 40^{+0.025}_{0}$ mm 孔的轴线对于两个 $\phi 35^{+0.025}_{0}$ mm 孔的公共基准轴线 A、B 的垂直度公差为

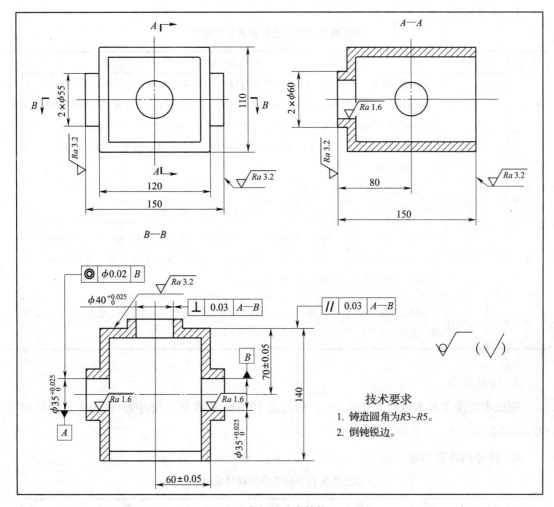

垂直相贯孔齿轮箱

0.03 mm。

上平面对两个 $\phi 35^{+0.025}_{0}$ mm 孔的公共基准轴线的平行度公差为 0.03 mm。

各几何误差用百分表检测。

（5）对中性

$\phi 55$ mm（两处）及 $\phi 60$ mm 凸台要保证对箱体的对中性。工件对称尺寸为（60 ± 0.05）mm。

（6）长度尺寸

140 mm、80 mm。

（7）表面粗糙度

$Ra \leqslant 1.6$ μm（3 处）、$Ra \leqslant 3.2$ μm（4 处）。

2. 准备工作

加工垂直相贯孔齿轮箱的准备事项

序号	名称		准 备 事 项
1	材料		45 钢的钢板、圆钢，毛坯在焊接前准备厚13 mm 的110 mm×120 mm（底面，焊口大于3 mm×45°）、厚10 mm 的135 mm×110 mm（侧面两块，焊口大于3 mm×45°）、厚10 mm 的135 mm×100 mm（正面两块，焊口大于3 mm×45°）、ϕ60 mm×15 mm（凸台1块，焊口大于5.5 mm×45°）、ϕ55 mm×15 mm（凸台两块，焊口大于5.5 mm×45°），将材料组合焊成箱体
2	设备		CA6150 型车床、花盘、角铁
3	工艺装备	刃具	90°外圆车刀，45°车刀，75°内孔车刀，内孔精车刀，ϕ32 mm、ϕ37 mm 钻头
4		量具	游标卡尺 0.02 mm/（0～150 mm、0～300 mm），千分尺 0.01 mm（25～50 mm、75～100 mm），游标高度尺 0.02 mm/（0～300 mm），内径百分表 0.01 mm/（18～35 mm、35～50 mm），磁座百分表 0.01 mm/（0～10 mm）
5		工、辅具	角铁及压板、螺钉、测量棒、划规、样冲、划线盘、方箱、一字旋具、活扳手、顶尖及钻夹具、其他常用工具

3. 考核时限

完成本题操作基本时间为 150 min；每超过 10 min 从本题总分中扣除 10%，操作超过 20 min 本题为零分。

4. 评分项目及标准

垂直相贯孔齿轮箱评分项目及标准

评分项目	评分要点	配分比重（%）	评分标准	得分
1. 内孔	ϕ35$^{+0.025}_{0}$ mm、Ra≤1.6 μm（两处）	8×2.5×2	超差不得分	
	ϕ40$^{+0.025}_{0}$ mm、Ra≤1.6 μm	8，5	Ra 降级不得分	
2. 中心距	（70±0.05）mm	5		
	（60±0.05）mm	5		
3. 几何公差	同轴度公差为 ϕ0.02 mm	7	超差不得分	
	垂直度公差为 0.03 mm	5		
	平行度公差为 0.03 mm	5		
4. 箱体外廓	150 mm×150 mm×110 mm	4×3	未注公差超差不得分	
5. 长度	140 mm、80 mm	4×2		
6. 表面粗糙度	Ra≤3.2 μm（4 处）	2×4	Ra 降级不得分	
7. 倒角	C0.5 mm（6 处）	1×6	未注公差超差不得分	
合计		100		

【题目 21】 偏心阀体

偏心阀体加工尺寸如下图所示。

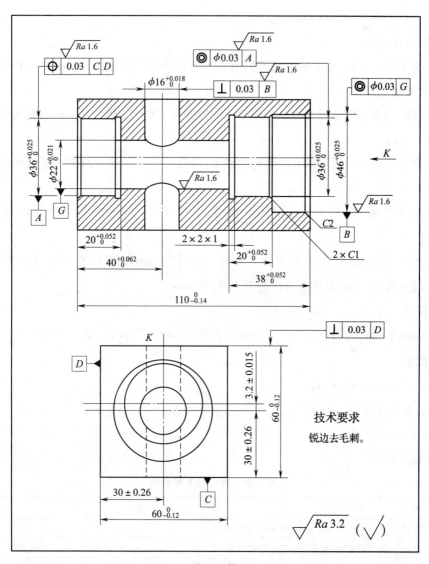

偏心阀体

1. 考核要求

（1） 内孔要求

$\phi 22^{+0.021}_{0}$ mm、$Ra \leqslant 1.6$ μm；$\phi 46^{+0.025}_{0}$ mm、$Ra \leqslant 1.6$ μm。

（2） 偏心内孔要求

$\phi 36^{+0.025}_{0}$ mm、$Ra \leqslant 1.6$ μm （两处）。

（3）垂直内孔要求

$\phi16^{+0.018}_{0}$ mm、$Ra\leqslant1.6$ μm。

（4）轮廓尺寸要求

$110^{0}_{-0.14}$ mm × $60^{0}_{-0.12}$ mm × $60^{0}_{-0.12}$ mm。

（5）偏心中心距

(3.2 ± 0.015) mm，用心轴、磁座百分表和游标高度尺或量块进行找正和检验。

（6）几何公差

1）基准轴线为左侧 $\phi36^{+0.025}_{0}$ mm 偏心孔的轴线 A，右侧 $\phi36^{+0.025}_{0}$ mm 的孔对于其同轴度公差为 $\phi0.03$ mm。

2）基准轴线为 $\phi46^{+0.025}_{0}$ mm 的内孔轴线 B，$\phi16^{+0.018}_{0}$ mm 的孔对于 B 轴线的垂直度公差为 0.03 mm。

3）基准轴线为 $\phi22^{+0.021}_{0}$ mm 的内孔轴线 G，$\phi46^{+0.025}_{0}$ mm 的孔对于其同轴度公差为 $\phi0.03$ mm。

4）基准面为底面 C 和左侧面 D，左侧 $\phi36^{+0.025}_{0}$ mm 的偏心孔对于其位置度公差为 $\phi0.03$ mm，上面对左侧面 D 的垂直度公差为 0.03 mm。

（7）长度尺寸

(30 ± 0.26) mm（两处）、$20^{+0.052}_{0}$ mm（两处）、$40^{+0.062}_{0}$ mm、$38^{+0.052}_{0}$ mm。

（8）倒角

$C1$ mm（两处）、$C2$ mm。

（9）表面粗糙度

$Ra\leqslant3.2$ μm（8 处）。

2. 准备工作

加工偏心阀体的准备事项

序号	名称		准 备 事 项
1	材料		45 钢，113 mm × 63 mm × 63 mm
2	设备		CA6140 型车床，四爪单动卡盘
3	工艺装备	刃具	90°外圆车刀，45°车刀，75°内孔车刀，内孔精车刀，$\phi20$、$\phi33$ mm 钻头及 $\phi43$ mm 平底钻头，$\phi14$ mm 及 $\phi15.7$ mm 钻头，$\phi16$ mm 铰刀
4		量具	游标卡尺 0.02 mm/（0～150 mm），千分尺 0.01 mm（0～25 mm、25～50 mm、50～75 mm），游标高度尺 0.02 mm/（0～300 mm），内径百分表 0.01 mm/（18～35 mm、35～50 mm），磁座百分表 0.01 mm/（0～10 mm），量块
5		工、辅具	角铁及压板、螺钉、测量棒、划规、样冲、划线盘、方箱、一字旋具、活扳手、顶尖及钻夹具、其他常用工具

3．考核时限

完成本题操作基本时间为 150 min；每超过 10 min 从本题总分中扣除 10%，操作超过 20 min 本题为零分。

4．评分项目及标准

偏心阀体评分项目及标准

评分项目	评分要点	配分比重（%）	评分标准	得分
1．内孔	$\phi 22^{+0.021}_{0}$ mm、$Ra \leqslant 1.6$ μm	5、3	超差不得分 Ra 降级不得分	
	$\phi 46^{+0.025}_{0}$ mm、$Ra \leqslant 1.6$ μm	5、3		
	偏心内孔 $\phi 36^{+0.025}_{0}$ mm、$Ra \leqslant 1.6$ μm（两处）	6×2、4×2		
	垂直内孔 $\phi 16^{+0.018}_{0}$ mm、$Ra \leqslant 1.6$ μm	5、3		
2．轮廓尺寸	$110^{0}_{-0.14}$ mm × $60^{0}_{-0.12}$ mm × $60^{0}_{-0.12}$ mm	3×3	每超差 0.02 mm 扣该项配分的 1/2	
3．偏心中心距	（3.2±0.015）mm	6	每超差 0.01 mm 扣该项配分的 1/2	
4．几何公差	同轴度公差为 $\phi 0.03$ mm	3	超差不得分	
	垂直度公差为 0.03 mm	3		
	同轴度公差为 $\phi 0.03$ mm	3		
	位置度公差为 0.03 mm	3		
	垂直度公差为 0.03 mm	3		
5．长度	（30±0.26）mm（两处）、$20^{+0.052}_{0}$ mm（两处）、$40^{+0.062}_{0}$ mm、$38^{+0.052}_{0}$ mm	2×6		
6．倒角	$C1$ mm（两处）、$C2$ mm	2×3	未注公差超差不得分	
7．表面粗糙度	$Ra \leqslant 3.2$ μm（8 处）	1×8	Ra 降级不得分	
合计		100		

第 5 章　组合件加工

考 核 要 点

操作技能考核范围		考核要点	重要程度
对称平分两半体零件（上、下轴衬）加工	组合件加工及校正	加工轴瓦	★★★
	两半体组合件加工	车削对开轴承座	★★★
模具加工	液压缸模具加工	液压缸工件的模具加工	★★
	齿轮模具加工	直齿齿轮模具加工	★★★
组合轴、套件加工	三偏心轴套加工	三偏心轴套加工	★★★
	锥体偏心四件组合件加工	锥体偏心四件组合件加工	★★
	螺杆组合件加工	螺杆组合件加工	★★
	梯形螺纹偏心组合工件加工	车削梯形螺纹偏心组合工件——偏心螺杆	★★★
		车削梯形螺纹偏心组合工件——球形套	★
		车削梯形螺纹偏心组合工件——内、外偏心套	★★
		车削梯形螺纹偏心组合工件——偏心套	★★

注："重要程度"中"★"为级别最低，"★★★"为级别最高。

操作技能辅导练习题

【题目 22】轴瓦

轴瓦加工尺寸如下图所示。

1. 考核要求

（1）外圆要求

$\phi 88_{-0.033}^{0}$ mm、$Ra \leq 1.6$ μm，两侧根部注意尺寸的一致性。$\phi 80$ mm、$\phi 120$ mm 按照未注公差 GB/T 1804—m 值检验。

（2）内孔要求

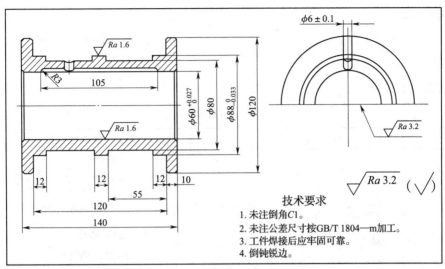

轴瓦

$\phi 60^{+0.027}_{0}$ mm、$Ra \leqslant 1.6$ μm，它与轴或套配合，铸铜件容易引起变形，工件找正时注意夹紧力要适当，以免夹伤工件，防止内孔产生圆柱度误差。

（3）长度要求

10 mm（两处）、12 mm（3 处）、55 mm、120 mm、140 mm。

（4）倒角要求

$C1$ mm（3 处）按一般线性尺寸公差加工。

重点提示：

1. 将工件装夹在四爪单动卡盘上，用划线盘进行校正，既要校正工件端面的对分线，又要校正对分线对床身导轨的平行度。

2. 将轴瓦接合处用铣床加工出平面，再用焊接材料将工件焊接在一起。

---

2. 准备工作

加工轴瓦的准备事项

序号	名称		准 备 事 项
1	材料		铸铜
2	设备		CA6140 型车床、四爪单动卡盘
3	工艺装备	刃具	90°车刀、45°弯头车刀、内孔粗车刀、内孔精车刀、车槽刀
4		量具	游标卡尺 0.02 mm/（0～150 mm）、千分尺 0.01 mm/（50～75 mm、75～100 mm）、内径百分表 0.01 mm/（50～160 mm）
5		工、辅具	划线盘、一字旋具、活扳手、顶尖、其他常用工具

3. 考核时限

完成本题操作基本时间为 150 min；每超过 10 min 从本题总分中扣除 10%，操作超过 20 min 本题为零分。

4. 评分项目及标准

轴瓦评分项目及标准

评分项目	评分要点	配分比重（%）	评分标准	得分
1. 外圆	$\phi 88_{-0.033}^{0}$ mm、$Ra \leq 1.6$ μm	12、10	超差不得分 Ra 降级不得分	
	$\phi 80$ mm	6	未注公差超差不得分	
	$\phi 120$ mm	5		
2. 内孔	$\phi 60_{0}^{+0.027}$ mm、$Ra \leq 1.6$ μm	12、10	超差不得分 Ra 降级不得分	
3. 长度	10 mm（两处）、12 mm（3处）、55 mm、120 mm、140 mm	3×8	未注公差超差不得分	
4. 倒角	$C1$ mm（3处）	2×3		
5. 表面粗糙度	$Ra \leq 3.2$ μm（5处）	3×5	Ra 降级不得分	
合计		100		

【题目 23】 齿轮锻造模具

齿轮锻造模具加工尺寸如下图所示。

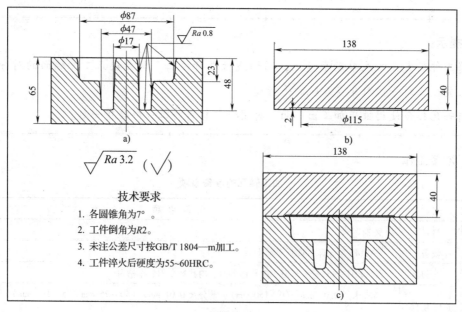

技术要求

1. 各圆锥角为7°。
2. 工件倒角为R2。
3. 未注公差尺寸按GB/T 1804—m加工。
4. 工件淬火后硬度为55~60HRC。

齿轮锻造模具

a）下模 b）上模 c）合模

1. 考核要求

（1）模具内孔。

$\phi87$ mm、$\phi47$ mm、$\phi17$ mm 按照未注公差 GB/T 1804—m 加工，内孔锥面表面粗糙度 $Ra \leq 0.8$ μm，一般用砂布抛光，表面不允许有波纹、棱线、高低起伏状等。必要时用油石抛光。

（2）退料锥角 7° 按照角度中未注公差 GB/T 1804—m 加工。

（3）划线线条清晰，尺寸正确。

（4）其他圆角尺寸公差按照未注公差 GB/T 1804—m 加工。

2. 准备工作

加工齿轮锻造模具的准备事项

序号	名称		准 备 事 项
1	材料		5CrMnMo、138 mm×138 mm×65 mm、138 mm×138 mm×40 mm
2	设备		CA6140 型车床，四爪单动卡盘
3	工艺装备	刃具	90° 车刀、45° 弯头车刀、内孔粗车刀、内孔精车刀
4		量具	游标卡尺 0.02 mm/（0～300 mm），卡钳，直角尺（0～300 mm），磁座百分表 0.01 mm/（0～10 mm），万能角度尺 2′（0°～320°）
5		工、辅具	划线盘、一字旋具、活扳手、顶尖及钻夹具、其他常用工具、油石、砂布

3. 考核时限

完成本题操作基本时间为 150 min；每超过 10 min 从本题总分中扣除 10%，操作超过 20 min 本题为零分。

4. 评分项目及标准

齿轮锻造模具评分项目及标准

评分项目	评分要点	配分比重（%）	评分标准	得分
1. 模具内孔锥面	$\phi87$ mm、$Ra \leq 0.8$ μm	10、8	超差不得分 Ra 降级不得分	
	$\phi47$ mm、$Ra \leq 0.8$ μm	10、8		
	$\phi17$ mm、$Ra \leq 0.8$ μm	10、8		
2. 退料锥角	7°（3 处）	5×3	超差不得分 Ra 降级不得分	
3. 圆角	R2 mm（3 处）	3×3	未注公差超差不得分	
4. 倒角	C1 mm（3 处）	1×3		
5. 表面粗糙度	$Ra \leq 3.2$ μm（5 处）	3×5	Ra 降级不得分	
6. 飞边槽	$\phi115$ mm×2 mm	4	未注公差超差不得分	
合计		100		

【题目24】 偏心轴套组合工件

偏心轴套组合工件加工尺寸如下图所示。

1. 考核要求

（1）偏心轴考核要求

1）外圆。$\phi 30_{-0.028}^{-0.007}$ mm、$Ra \leqslant 1.6$ μm；$\phi 40_{-0.050}^{-0.025}$ mm、$Ra \leqslant 1.6$ μm。

2）偏心距。偏心距为（2 ± 0.01）mm。

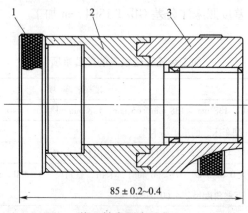

偏心轴套组合工件

1—偏心轴　2—偏心套　3—螺纹套

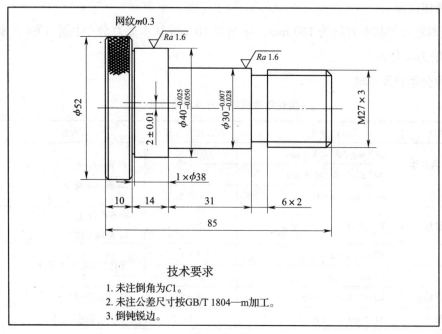

技术要求

1. 未注倒角为C1。
2. 未注公差尺寸按GB/T 1804—m加工。
3. 倒钝锐边。

件1　偏心轴

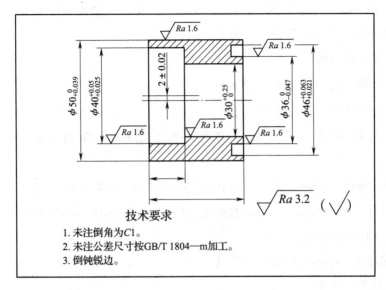

件 2　偏心套

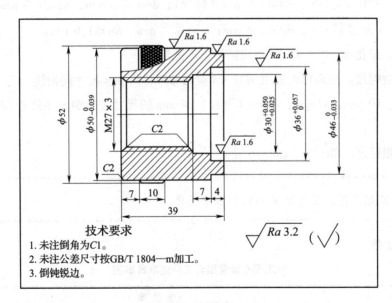

件 3　螺纹套

3）滚花。滚花 $m = 0.3$ mm 纹路应清晰，不乱纹。

4）普通外螺纹。三角形外螺纹 M27 × 3 应与 $\phi 30^{-0.007}_{-0.028}$ mm 尺寸同轴线，以免螺纹配合不畅。

5）车槽。6 mm × 2 mm，1 mm × $\phi 38$ mm。

6）长度。10 mm、14 mm、31 mm、85 mm 的尺寸应按照未注公差 GB/T 1804—m 值进行检测。

7）倒角。$C1$ mm（3 处），按照未注公差 GB/T 1804—m 值检测。

8）表面粗糙度。$Ra \leqslant 3.2$ μm（3 处）。

（2）偏心套考核要求

1）外圆。$\phi 50_{-0.039}^{0}$ mm、$Ra \leqslant 1.6$ μm。

2）内孔。$\phi 30_{0}^{+0.025}$ mm、$Ra \leqslant 1.6$ μm。

3）偏心内孔与偏心距。偏心内孔 $\phi 40_{+0.025}^{+0.050}$ mm、$Ra \leqslant 1.6$ μm，偏心距为 (2 ± 0.02) mm。

4）端面槽。$\phi 36_{-0.067}^{0}$ mm、$Ra \leqslant 1.6$ μm，$\phi 46_{+0.021}^{+0.063}$ mm、$Ra \leqslant 1.6$ μm。

5）长度尺寸。$40_{0}^{+0.1}$ mm、15 mm 按照未注公差 GB/T 1804—m 值检测。

6）倒角。$C1$ mm（3 处）。

7）表面粗糙度。$Ra \leqslant 3.2$ μm （7 处）。

（3）螺纹套考核要求

1）外圆。$\phi 50_{-0.039}^{0}$ mm、$Ra \leqslant 1.6$ μm（两处）；$\phi 46_{-0.033}^{0}$ mm、$Ra \leqslant 1.6$ μm；$\phi 52$ mm。

2）内孔。$\phi 30_{+0.025}^{+0.050}$ mm、$Ra \leqslant 1.6$ μm；$\phi 36_{0}^{+0.057}$ mm、$Ra \leqslant 1.6$ μm。

3）滚花。滚花 $m = 0.3$ mm 纹路应清晰，不乱纹。

4）普通内螺纹。三角形内螺纹 M27 × 3 应与 $\phi 30_{+0.025}^{+0.050}$ mm 尺寸同轴线。

5）长度。10 mm、39 mm、7 mm（两处）、4 mm 的尺寸应按照未注公差 GB/T 1804—m 值检测。

6）表面粗糙度。$Ra \leqslant 3.2$ μm（6 处）。

重点提示： 车削工件时尺寸公差应控制在中间值。

2. 准备工作

加工偏心轴套组合工件的准备事项

序号	名称		准 备 事 项
1	材料		$\phi 55$ mm × 190 mm
2	设备		CA6140 型车床
3	工艺装备	刃具	90°车刀，45°弯头车刀，90°内孔车刀，内孔精车刀，60°螺纹车刀，切断刀，$m = 0.3$ mm 网纹滚花刀，$\phi 28$ mm、$\phi 34$ mm、$\phi 22$ mm 钻头，A2.5 mm/6.3 mm 中心钻，端面车槽刀
4		量具	游标卡尺 0.02 mm/（0~150 mm），千分尺 0.01 mm/（25~50 mm），M27 螺纹塞规，磁座百分表 0.01 mm/（0~10 mm），60°螺距规
5		工、辅具	划线盘、一字旋具、活扳手、顶尖及钻夹具、其他常用工具

3．考核时限

完成本题操作基本时间为 150 min；每超过 10 min 从本题总分中扣除 10%，操作超过 20 min 本题为零分。

4．评分项目及标准

偏心轴套组合工件评分项目及标准

件1—偏心轴

评分项目	评分要点	配分比重（%）	评分标准	得分
1．外圆	$\phi 30 _{-0.028}^{-0.007}$ mm、$Ra \leqslant 1.6$ μm	3、2	超差不得分	
	$\phi 40 _{-0.050}^{-0.025}$ mm、$Ra \leqslant 1.6$ μm	3、2	Ra 降级不得分	
2．偏心距	（2±0.01）mm	3	超差不得分	
3．滚花	滚花 $m = 0.3$ mm	2	乱纹不得分	
4．普通外螺纹	M27×3	3	超差不得分	
5．车槽	6 mm×2 mm，1 mm×$\phi 38$ mm	1×2		
6．长度	10 mm、14 mm、31 mm、85 mm	1×4	未注公差超差不得分	
7．倒角	$C1$ mm（3 处）	0.5×3		
8．表面粗糙度	$Ra \leqslant 3.2$ μm（3 处）	0.5×3	Ra 降级不得分	
合计		27		

件2—偏心套

评分项目	评分要点	配分比重（%）	评分标准	
1．外圆	$\phi 50 _{-0.039}^{0}$ mm、$Ra \leqslant 1.6$ μm	3、2	超差不得分	
2．内孔	$\phi 30 _{0}^{+0.025}$ mm、$Ra \leqslant 1.6$ μm	3、2	Ra 降级不得分	
3．偏心内孔	$\phi 40 _{+0.025}^{+0.050}$ mm、$Ra \leqslant 1.6$ μm	3、2		
4．偏心距	（2±0.02）mm	3	超差不得分	
5．端面槽	$\phi 36 _{-0.067}^{0}$ mm、$Ra \leqslant 1.6$ μm	3、2	超差不得分	
	$\phi 46 _{+0.021}^{+0.063}$ mm、$Ra \leqslant 1.6$ μm	3、2	Ra 降级不得分	
6．长度	$40 _{0}^{+0.1}$ mm	3	超差不得分	
	15 mm	1	未注公差超差不得分	
7．倒角	$C1$ mm（3 处）	0.5×3		
8．表面粗糙度	$Ra \leqslant 3.2$ μm（7 处）	0.5×7	Ra 降级不得分	
合计		37		

件3—螺纹套

评分项目	评分要点	配分比重（%）	评分标准	
1．外圆	$\phi 50 _{-0.039}^{0}$ mm、$Ra \leqslant 1.6$ μm（两处）	1.5×2、1×2	超差不得分	
	$\phi 46 _{-0.033}^{0}$ mm、$Ra \leqslant 1.6$ μm	3、2	Ra 降级不得分	
	$\phi 52$ mm	1	未注公差超差不得分	

评分项目	评分要点	配分比重（%）	评分标准	得分
2. 内孔	$\phi30^{+0.050}_{+0.025}$ mm、$Ra \leqslant 1.6$ μm	3、2	超差不得分	
	$\phi36^{+0.057}_{0}$ mm、$Ra \leqslant 1.6$ μm	3、2	Ra 降级不得分	
3. 滚花	滚花 $m = 0.3$ mm	2	纹路乱纹不得分	
4. 普通内螺纹	M27×3	3	超差不得分	
5. 长度	10 mm、39 mm、7 mm（两处）、4 mm	1×5	未注公差超差不得分	
6. 表面粗糙度	$Ra \leqslant 3.2$ μm（6处）	0.5×6	Ra 降级不得分	
合计		34		
装配				
评分项目	评分要点	配分比重（%）	评分标准	
长度	(85±0.2~0.4) mm	2	超差不得分	
合计		2		
总计		100		

【题目25】 锥度偏心组合工件

锥度偏心组合工件加工尺寸如下图所示。

1. 考核要求

（1）丝杆考核要求

1）外圆。$\phi12^{0}_{-0.018}$ mm、$Ra \leqslant 1.6$ μm，可以将轴的外圆按照最小极限尺寸加工；$\phi24$ mm 按照未注公差 GB/T 1804—m 值进行加工。

2）普通外螺纹。M12 三角形外螺纹允许用圆板牙套出。

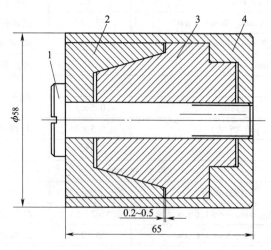

锥度偏心组合工件

1—丝杆　2—内锥面套　3—锥度偏心轴　4—偏心套

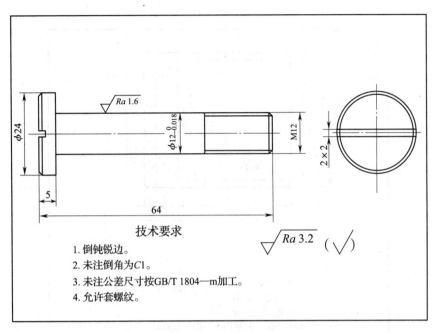

技术要求

1. 倒钝锐边。
2. 未注倒角为C1。
3. 未注公差尺寸按GB/T 1804—m加工。
4. 允许套螺纹。

件1　丝杆

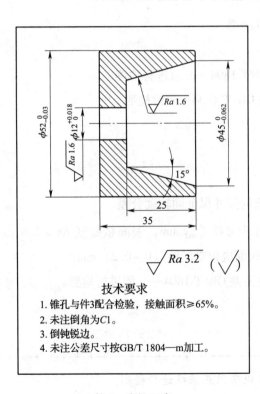

技术要求

1. 锥孔与件3配合检验，接触面积≥65%。
2. 未注倒角为C1。
3. 倒钝锐边。
4. 未注公差尺寸按GB/T 1804—m加工。

件2　内锥面套

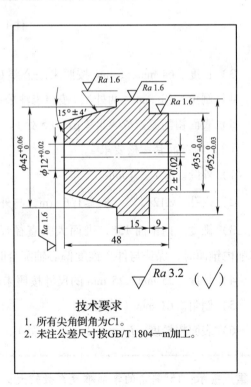

技术要求

1. 所有尖角倒角为C1。
2. 未注公差尺寸按GB/T 1804—m加工。

件3　锥度偏心轴

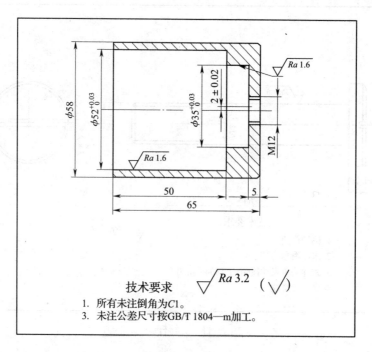

技术要求 $\sqrt{Ra\,3.2}$ $(\sqrt{})$

1. 所有未注倒角为C1。
3. 未注公差尺寸按GB/T 1804—m加工。

件4 偏心套

3）长度。64 mm、5 mm 按照未注公差 GB/T 1804—m 值进行检测。

4）倒角。C1 mm（两处），按照未注公差 GB/T 1804—m 值检测。

5）表面粗糙度。$Ra \leqslant 3.2\ \mu m$（5 处）。

（2）内锥面套考核要求

1）外圆。$\phi 52\,_{-0.03}^{\ 0}$ mm。

2）内孔。$\phi 12\,_{0}^{+0.018}$、$Ra \leqslant 1.6\ \mu m$，与外圆的尺寸保证同轴度公差。

3）锥度。内锥面15°，锥面大头直径尺寸为 $\phi 45\,_{-0.062}^{\ 0}$ mm，表面粗糙度 $Ra \leqslant 1.6\ \mu m$，车削内锥面时，保证与件3 锥度偏心轴配合时端面应留有间隙（0 ~ 0.2）mm。

4）长度。35 mm、25 mm 的尺寸按照未注公差 GB/T 1804—m 值进行检测。

5）倒角。C1 mm（两处）。

6）表面粗糙度。$Ra \leqslant 3.2\ \mu m$（4 处）。

重点提示：15°斜角的车削难度系数较大，可以采用正弦规进行检测。

（3）锥度偏心轴考核要求

1）外圆。$\phi52_{-0.03}^{0}$ mm、$Ra \leqslant 1.6$ μm 的外圆和件 2 内锥面套一起与件 4 偏心套的内孔配合，要考虑外圆与内孔同轴度误差的影响。

2）偏心外圆。$\phi35_{-0.03}^{0}$ mm、$Ra \leqslant 1.6$ μm 的偏心外圆尺寸应按照偏心距（2 ± 0.02）mm 的中间值加工。

3）内孔。$\phi12_{0}^{+0.02}$ mm、$Ra \leqslant 1.6$ μm 的内孔，用铰刀进行铰削，要检验孔的直线度。

4）圆锥斜角。圆锥斜角 15° ± 4′、$Ra \leqslant 1.6$ μm 可按照内锥面套配研，接触面积 ≥ 70%。$\phi45_{0}^{+0.062}$ mm 是与件 2 内锥面套锥度配合的锥面大头尺寸，此处尺寸公差采取正值。

5）长度。48 mm、15 mm、9 mm 的尺寸应按照未注公差 GB/T 1804—m 值进行检测。

6）倒角。$C1$ mm（6 处），按照未注公差 GB/T 1804—m 值检测。

7）表面粗糙度。$Ra \leqslant 3.2$ μm（3 处）。

（4）偏心套考核要求

1）外圆。$\phi58$ mm。

2）内孔。$\phi52_{0}^{+0.03}$ mm、$Ra \leqslant 1.6$ μm 的内孔直径值应按照最大极限尺寸加工，以满足内孔装配两个外圆直径的需要。

3）偏心内孔。$\phi35_{0}^{+0.03}$ mm、$Ra \leqslant 1.6$ μm 的偏心孔应按照最大极限尺寸加工，偏心距按照（2 ± 0.02）mm 的中间值加工。

4）普通内螺纹。M12 内螺纹允许用丝锥攻出。

5）长度。50 mm、65 mm、5 mm 的尺寸应按照未注公差 GB/T 1804—m 值进行检测。

6）倒角。$C1$ mm（6 处），按照未注公差 GB/T 1804—m 值检测。

7）表面粗糙度。$Ra \leqslant 3.2$ μm（5 处）。

2. 准备工作

加工锥度偏心组合工件的准备事项

序号	名称		准 备 事 项
1	材料		$\phi30$ mm × 90 mm、$\phi57$ mm × 100 mm、$\phi63$ mm × 80 mm
2	设备		CA6140 型车床
3	工艺装备	刃具	90° 车刀，45° 弯头车刀，90° 内孔车刀，内孔精车刀，60° 内、外螺纹车刀，切断刀，m = 0.3 mm 网纹滚花刀，A2.5 mm/6.3 mm 中心钻，M12 圆板牙及丝锥，$\phi10$ mm、$\phi11.7$ mm、$\phi27$ mm、$\phi29$ mm、$\phi48$mm 钻头，$\phi12$ mm 铰刀
4		量具	塞尺，游标卡尺 0.02 mm/（0 ~ 150 mm），外径千分尺 0.01 mm/（0 ~ 25 mm、25 ~ 50 mm、50 ~ 75 mm），内径百分表 0.01 mm/（35 ~ 50 mm、50 ~ 160 mm），万能角度尺 2′/（0° ~ 320°），60° 螺距规，磁座百分表 0.01 mm/（0 ~ 6 mm）
5		工、辅具	红丹粉、划线盘、一字旋具、活扳手、顶尖及钻夹具、其他常用工具

3. 考核时限

完成本题操作基本时间为 150 min；每超过 10 min 从本题总分中扣除 10%，操作超过 20 min本题为零分。

4. 评分项目及标准

锥度偏心组合工件评分项目及标准

评分项目	评分要点	配分比重（%）	评分标准	得分
件1—丝杆				
1. 外圆	$\phi 12_{-0.018}^{0}$ mm、$Ra \leq 1.6$ μm	3.2	超差不得分 Ra 降级不得分	
	$\phi 24$ mm	1	未注公差超差不得分	
2. 外螺纹	M12	2		
3. 长度	64 mm、5 mm	1×2		
4. 倒角	C1 mm（两处）	0.5×2		
5. 表面粗糙度	$Ra \leq 3.2$ μm（5 处）	0.5×5	Ra 降级不得分	
合计		13.5		
件2—内锥面套				
评分项目	评分要点	配分比重（%）	评分标准	
1. 外圆	$\phi 52_{-0.03}^{0}$ mm	3	超差不得分	
2. 内孔	$\phi 12_{0}^{+0.018}$、$Ra \leq 1.6$ μm	3、2	超差不得分	
3. 锥面	内锥面15°、$Ra \leq 1.6$ μm	3、2	Ra 降级不得分	
	锥面大头尺寸 $\phi 45_{-0.062}^{0}$ mm	3	超差不得分	
4. 长度	35 mm、25 mm	1×2	未注公差超差不得分	
5. 倒角	C1 mm（两处）	0.5×2		
6. 表面粗糙度	$Ra \leq 3.2$ μm （4 处）	0.5×4	Ra 降级不得分	
合计		21		
件3－锥度偏心轴				
评分项目	评分要点	配分比重（%）	评分标准	
1. 外圆	$\phi 52_{-0.03}^{0}$ mm、$Ra \leq 1.6$ μm	3、2	超差不得分	
2. 偏心外圆	$\phi 35_{-0.03}^{0}$ mm、$Ra \leq 1.6$ μm	3、2	Ra 降级不得分	
	偏心距为（2±0.02）mm	3	超差不得分	
3. 内孔	$\phi 12_{0}^{+0.02}$ mm、$Ra \leq 1.6$ μm	3、2	超差不得分	
4. 圆锥斜角	15°±4′、$Ra \leq 1.6$ μm	3、2	Ra 降级不得分	
	锥面大头尺寸 $\phi 45_{0}^{+0.062}$ mm	3	超差不得分	
5. 长度	48 mm、15 mm、9 mm	1×3	未注公差超差不得分	
6. 倒角	C1 mm（6 处）	0.5×6		
7. 表面粗糙度	$Ra \leq 3.2$ μm（3 处）	0.5×3	Ra 降级不得分	
合计		33.5		

续表

评分项目	评分要点	配分比重（%）	评分标准	得分
件 4—偏心套				
评分项目	评分要点	配分比重（%）	评分标准	
1. 外圆	$\phi58$ mm	1	未注公差超差不得分	
2. 内孔	$\phi52_{\ 0}^{+0.03}$ mm、$Ra\leqslant1.6$ μm	3、2	超差不得分	
3. 偏心内孔	$\phi35_{\ 0}^{+0.03}$ mm、$Ra\leqslant1.6$ μm	3、2	Ra 降级不得分	
	偏心距为（2±0.02）mm	3	超差不得分	
4. 内螺纹	M12	3	未注公差超差不得分	
5. 长度	50 mm、65 mm、5 mm	1×3		
6. 倒角	$C1$ mm（6 处）	0.5×6		
7. 表面粗糙度	$Ra\leqslant3.2$ μm（5 处）	0.5×5	Ra 降级不得分	
合计		25.5		
装配				
评分项目	评分要点	配分比重（%）	评分标准	
1. 间隙	0.2~0.5 mm	4.5	超差不得分	
2. 长度	65 mm	2		
合计		6.5		
总计		100		

【题目 26】 螺杆组合工件

螺杆组合工件加工尺寸如下图所示。

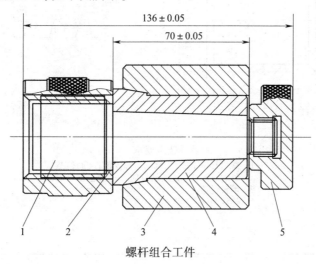

螺杆组合工件

1—螺杆轴　2—梯形螺母　3—内锥套　4—外锥套　5—螺母

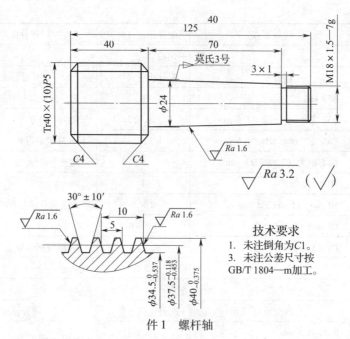

技术要求
1. 未注倒角为C1。
3. 未注公差尺寸按
GB/T 1804—m加工。

件1 螺杆轴

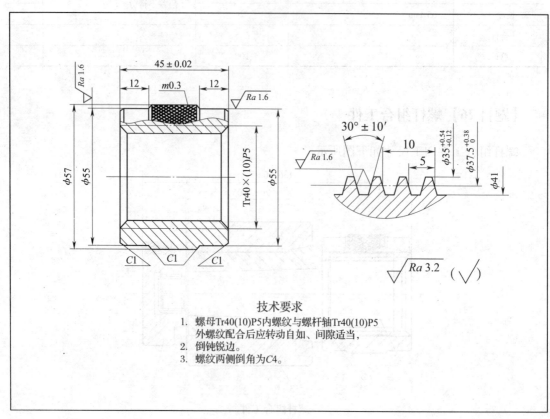

技术要求
1. 螺母Tr40(10)P5内螺纹与螺杆轴Tr40(10)P5
外螺纹配合后应转动自如、间隙适当，
2. 倒钝锐边。
3. 螺纹两侧倒角为C4。

件2 梯形螺母

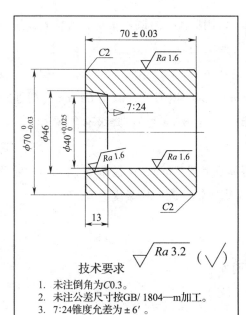

技术要求

1. 未注倒角为C0.3。
2. 未注公差尺寸按GB/ 1804—m加工。
3. 7:24锥度允差为 ± 6′。

件 3　内锥套

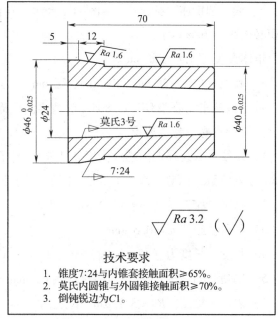

技术要求

1. 锥度7:24与内锥套接触面积≥65%。
2. 莫氏内圆锥与外圆锥接触面积≥70%。
3. 倒钝锐边为C1。

件 4　外锥套

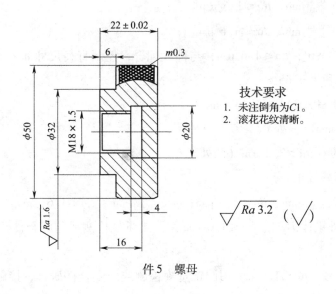

技术要求

1. 未注倒角为C1。
2. 滚花花纹清晰。

件 5　螺母

1. 考核要求

（1）螺杆轴考核要求

1）梯形螺纹。双线梯形螺纹大径 $\phi 40_{-0.375}^{0}$ mm、中径 $\phi 37.5_{-0.453}^{-0.118}$ mm、小径 $\phi 34.5_{-0.537}^{0}$ mm，两侧面 $Ra \leqslant 1.6$ μm（4 处）。

螺纹牙型角30°及间隙量用样板进行检测。

2）普通螺纹。M18 × 1.5—7 g用量规检测。

3）莫氏圆锥体。莫氏 3 号圆锥体、$Ra \leqslant 1.6 \ \mu m$，用莫氏 3 号圆锥量规进行检测，接触面积必须达到 70% 以上。

锥体大头尺寸为 $\phi 24 \ mm$。

4）其他。长度 125 mm、40 mm、70 mm，3 mm×1 mm 退刀槽，倒角 $C4 \ mm$（两处）、$C1 \ mm$ 等按照未注公差 GB/T 1804—m 值检测，$Ra \leqslant 3.2 \ \mu m$（8 处），降级不合格。

（2）梯形螺母考核要求

1）螺纹。双线梯形内螺纹大径 $\phi 41 \ mm$、中径 $\phi 37.5 \ ^{+0.38}_{\ 0} \ mm$、顶径 $\phi 35 \ ^{+0.54}_{+0.12} \ mm$。牙型角 30° 及双线螺纹两侧 $Ra \leqslant 1.6 \ \mu m$（4 处），与件 1 螺纹轴装配后松紧度适宜。

2）外圆。$\phi 57 \ mm$、$Ra \leqslant 1.6 \ \mu m$（两处）。

3）滚花。滚花 $m = 0.3 \ mm$。

4）长度。长度为（45±0.02）mm、12 mm（两处）。

5）倒角。$C1 \ mm$（4 处），螺纹两侧 $C4 \ mm$（两处）。

6）表面粗糙度。$Ra \leqslant 3.2 \ \mu m$（6 处）。

（3）内锥套考核要求

1）外圆。$\phi 70 \ ^{\ 0}_{-0.03} \ mm$、$Ra \leqslant 1.6 \ \mu m$。

2）内孔。$\phi 40 \ ^{+0.025}_{\ 0} \ mm$、$Ra \leqslant 1.6 \ \mu m$。

3）圆锥。7:24±6′，$Ra \leqslant 1.6 \ \mu m$，与件 4 配合，控制直径尺寸 $\phi 46 \ mm$，用圆锥量规进行检测，接触面积大于 65%。

4）长度。（70±0.03）mm、13 mm。

5）倒角。$C2 \ mm$（两处）。

6）表面粗糙度。$Ra \leqslant 3.2 \ \mu m$（两处）。

（4）外锥套考核要求

1）外圆。$\phi 40 \ ^{\ 0}_{-0.025} \ mm$、$Ra \leqslant 1.6 \ \mu m$；$\phi 46 \ ^{\ 0}_{-0.025} \ mm$、$Ra \leqslant 1.6 \ \mu m$。

2）圆锥面。外锥体 7:24、$Ra \leqslant 1.6 \ \mu m$ 用圆锥量规检测或与配合件研合，接触面积大于 65%。

内锥体莫氏 3 号、$Ra \leqslant 1.6 \ \mu m$ 用圆锥量规检测或与配合件研合，接触面积大于 70%。按照未注公差保证 $\phi 24 \ mm$ 尺寸的变动范围。

3）长度。5 mm、12 mm、70 mm 按照未注公差 GB/T 1804—m 值进行检测。

4）倒角。$C1 \ mm$（两处），按照未注公差 GB/T 1804—m 值检测。

5）表面粗糙度。$Ra \leqslant 3.2 \ \mu m$（5 处）。

6）倒角。$C1 \ mm$（5 处）。

（5）螺母考核要求

1）外圆。ϕ32 mm、$Ra \leqslant 1.6$ μm，尺寸按照未注公差 GB/T 1804—m 检测。

2）普通内螺纹。M18×1.5，螺纹配合时尺寸不能过松，允许用丝锥攻出。

3）长度。（22±0.02）mm、16 mm、6 mm。

4）内沟槽。4 mm×ϕ20 mm。

5）滚花。$m = 0.3$ mm，花纹要求清晰。

6）倒角。C1 mm（3 处），螺纹部位 C2 mm。

7）表面粗糙度。$Ra \leqslant 3.2$ μm（6 处）。

重点提示：

1. 螺杆组合工件的加工与装配包含了普通螺纹、双线梯形螺纹配合，圆柱配合，在车床、铣床中常见的锥度配合，在车削中要掌握基准件螺杆轴的车削精度，其他件都与螺杆件进行配合加工。

2. 件 3 与件 4 配合时要达到要求，必须保证件 4 的内圆锥与外圆同轴，否则两件不能很好地配合或配合后间隙过大。

3. 为防止卡爪夹坏工件，可用工艺软爪或垫砂布、铜皮。

---

2. 准备工作

加工螺杆组合工件的准备事项　　　　　　　　　mm

序号	名称		准备事项
1	材料		ϕ45 mm×130 mm，ϕ60 mm×70 mm，ϕ75 mm×80 mm，ϕ50 mm×80 mm，ϕ55 mm×30 mm，45 钢
2	设备		C6140 型车床
3	工艺装备	刃具	90°车刀，45°弯头车刀，90°内孔车刀，内孔精车刀，60°内、外螺纹车刀，切断刀，$m = 0.3$ mm网纹滚花刀，内、外沟槽车刀，$P = 5$ mm 内、外梯形螺纹车刀，ϕ33 mm、ϕ16 mm、ϕ16.4 mm、ϕ37 mm、ϕ18 mm 钻头，A2.5 mm/6.3 mm 中心钻，M18×1.5 丝锥
4		量具	塞尺，游标卡尺 0.02 mm/（0~150 mm），千分尺 0.01 mm/（0~25 mm、25~50 mm、50~75 mm），内径千分表 0.01 mm/（35~50 mm），7:24 圆锥量规，莫氏 3 号圆锥量规，$P = 5$ mm 梯形螺纹样板，万能角度尺 2′（0°~320°），60°螺纹量规
5		工、辅具	红丹粉、划线盘、一字旋具、活扳手、顶尖及钻夹具、其他常用工具

3. 考核时限

完成本题操作基本时间为 150 min；每超过 10 min 从本题总分中扣除 10%，操作超过 20 min本题为零分。

4. 评分项目及标准

螺杆组合工件评分项目及标准

件 1—螺杆轴

评分项目	评分要点	配分比重（%）	评分标准	得分
1. 梯形螺纹	双线	0.5	超差不得分	
	大径 $\phi 40_{-0.375}^{0}$ mm	1.5		
	中径 $\phi 37.5_{-0.453}^{-0.118}$ mm	2		
	小径 $\phi 34.5_{-0.537}^{0}$ mm	2		
	两侧面 $Ra \leqslant 1.6$ μm（4处）	2×4	Ra 降级不得分	
	螺纹牙型角30°	1	用样板检测超差不得分	
2. 普通螺纹	M18×1.5—7 g	1	用量规检测超差不得分	
3. 莫氏圆锥体	莫氏3号圆锥体、$Ra \leqslant 1.6$ μm	0.5×2	用莫氏3号圆锥量规检测，接触面积达不到70%不得分	
	锥体大头尺寸 $\phi 24$ mm	0.5	未注公差超差不得分	
4. 退刀槽	3 mm×1 mm	0.5		
5. 长度	125 mm、40 mm、70 mm	0.5×3		
6. 倒角	$C1$ mm、$C4$ mm（两处）	0.5×3		
7. 表面粗糙度	$Ra \leqslant 3.2$ μm（8处）	0.5×8	Ra 降级不得分	
合计		25		

件 2—梯形螺母

评分项目	评分要点	配分比重（%）	评分标准	得分
1. 梯形螺纹	双线	0.5	超差不得分	
	大径 $\phi 41$ mm	0.5	未注公差超差不得分	
	中径 $\phi 37.5_{0}^{+0.38}$ mm	2	超差不得分	
	顶径 $\phi 35_{+0.12}^{+0.54}$ mm	2		
	牙型角30°	1		
	螺纹两侧 $Ra \leqslant 1.6$ μm（4处）	1.5×4	Ra 降级不得分	
2. 外圆	$\phi 57$ mm、$Ra \leqslant 1.6$ μm（两处）	0.5×2、2×2	超差不得分 Ra 降级不得分	
3. 滚花	$m = 0.3$ mm	2	超差不得分	
4. 长度	（45±0.02）mm	0.5		
	12 mm（两处）	0.5×2		
5. 倒角	$C1$ mm（4处），螺纹两侧 $C4$ mm（两处）	0.5×6	未注公差超差不得分	
6. 表面粗糙度	$Ra \leqslant 3.2$ μm（6处）	0.5×6	Ra 降级不得分	
合计		26.5		

件 3—内锥套

评分项目	评分要点	配分比重（%）	评分标准	得分
1. 外圆	$\phi 70_{-0.03}^{\ 0}$ mm、$Ra \leqslant 1.6$ μm	2、1	超差不得分	
2. 内孔	$\phi 40_{\ 0}^{+0.025}$ mm、$Ra \leqslant 1.6$ μm	2、1	Ra 降级不得分	
3. 圆锥	$7:24 \pm 6'$	2	用圆锥量规进行检测，接触面积达不到 65% 不得分	
	控制直径尺寸 $\phi 46$ mm	0.5	未注公差超差不得分	
	$Ra \leqslant 1.6$ μm	2	Ra 降级不得分	
4. 长度	（70 ± 0.03）mm	0.5	超差不得分	
	13 mm	0.5	未注公差超差不得分	
5. 倒角	$C2$ mm（两处）	0.5 × 2		
6. 表面粗糙度	$Ra \leqslant 3.2$ μm（两处）	0.5 × 2	Ra 降级不得分	
合计		13.5		

件 4—外锥套

评分项目	评分要点	配分比重（%）	评分标准	得分
1. 外圆	$\phi 40_{-0.025}^{\ 0}$ mm、$Ra \leqslant 1.6$ μm	2、1	超差不得分	
	$\phi 46_{-0.025}^{\ 0}$ mm、$Ra \leqslant 1.6$ μm	2、1	Ra 降级不得分	
2. 外圆锥	外锥体 7:24、$Ra \leqslant 1.6$ μm	1、2	超差不得分	
3. 内锥体	莫氏 3 号，$Ra \leqslant 1.6$ μm	1、2	Ra 降级不得分	
4. 长度	5 mm、12 mm、70 mm	0.5 × 3	未注公差超差不得分	
5. 倒角	$C1$ mm（两处）	0.5 × 2		
6. 表面粗糙度	$Ra \leqslant 3.2$ μm（5 处）	0.5 × 5	Ra 降级不得分	
7. 倒角	$C1$ mm（5 处）	0.5 × 5	未注公差超差不得分	
合计		19.5		

件 5—螺母

评分项目	评分要点	配分比重（%）	评分标准	得分
1. 外圆	$\phi 32$ mm、$Ra \leqslant 1.6$ μm	0.5、2	超差不得分 Ra 降级不得分	
2. 普通内螺纹	M18 × 1.5	1	螺纹配合时过松不得分	
3. 长度	（22 ± 0.02）mm	0.5	超差不得分	
	16 mm、6 mm	0.5 × 2	未注公差超差不得分	
4. 内沟槽	4 mm × $\phi 20$ mm	0.5		
5. 滚花	$m = 0.3$ mm，花纹要求清晰	1	超差不得分	
6. 倒角	$C1$ mm（3 处），螺纹部位 $C2$ mm	0.5 × 4	未注公差超差不得分	
7. 表面粗糙度	$Ra \leqslant 3.2$ μm（6 处）	0.5 × 6	Ra 降级不得分	
合计		11.5		

评分项目	评分要点	配分比重（%）	评分标准	得分
装配				
长度	（0.2～0.5）mm	2	超差不得分	
	（136±0.05）mm、（70±0.05）mm	1×2		
合计		4		
总计		100		

【题目27】梯形螺纹偏心组合工件

梯形螺纹偏心组合工件加工尺寸如下图所示。

1. 考核要求

（1）偏心螺杆考核要求

1）外圆。偏心螺杆中部定位尺寸为 $\phi 34_{-0.025}^{-0.006}$ mm，$Ra \leqslant 1.6$ μm，$\phi 22$ mm。

2）偏心轴径。$\phi 20_{-0.04}^{-0.02}$ mm、$Ra \leqslant 1.6$ μm，偏心距为（1±0.02）mm。

3）中心孔。两端 B3.15 mm/10 mm。

4）梯形螺纹。Tr32×18（P6）三线，大径 $\phi 32_{-0.035}^{0}$ mm，中径 $\phi 29_{-0.442}^{-0.105}$ mm，小径 $\phi 25_{-0.481}^{0}$ mm，两侧面表面粗糙度 $Ra \leqslant 1.6$ μm（6处）。

5）长度尺寸。81 mm、30 mm、27 mm、10 mm。

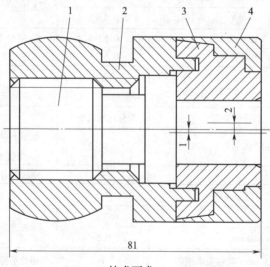

81

技术要求

1. 倒钝锐边。
2. 未注公差尺寸按GB/T 1804—m加工。

梯形螺纹偏心组合工件

1—偏心螺杆 2—球形套 3—内、外偏心套 4—偏心套

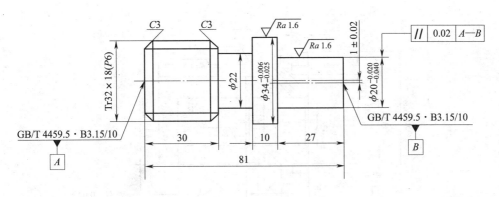

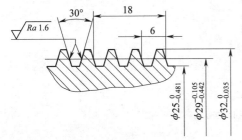

技术要求

1. 倒钝锐边。
2. 未注公差尺寸按GB/T 1804—m加工。

$$\sqrt{Ra\,3.2}\ (\sqrt{\ })$$

件1　偏心螺杆

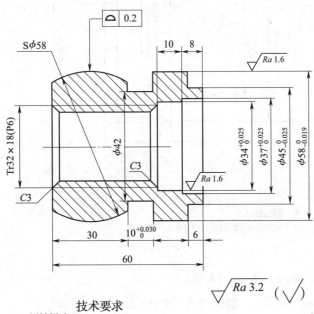

技术要求

1. 倒钝锐边。
2. 未注公差尺寸按GB/T 1804—m加工。

$$\sqrt{Ra\,3.2}\ (\sqrt{\ })$$

件2　球形套

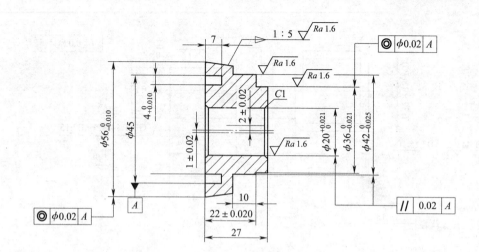

技术要求
1. 倒钝锐边。
2. 未注公差尺寸按GB/T 1804—m加工。

件3　内、外偏心套

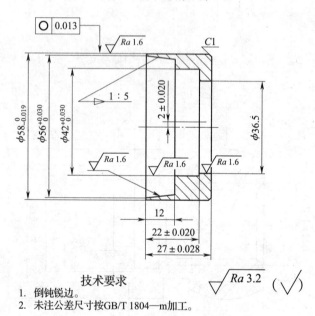

技术要求
1. 倒钝锐边。
2. 未注公差尺寸按GB/T 1804—m加工。

件4　偏心套

6）表面粗糙度。$Ra \leqslant 3.2$ μm（8处）。

7）倒角。C3 mm（两处），倒钝锐边（3处）。

8）几何公差。以两面中心孔为基准轴线 A、B，$\phi20^{-0.02}_{-0.04}$ mm 对其平行度公差为 0.02 mm。

（2）球形套考核要求

1）外圆。$\phi58_{-0.019}^{0}$ mm，$Ra \leqslant 1.6$ μm，车削外圆时应留 0.5 mm 余量，装配后统一进行外圆精车。

2）端面凸台。$\phi37_{0}^{+0.025}$ mm 及 $\phi45_{-0.025}^{0}$ mm 加工要准确，为配合做准备。

3）内孔。$\phi34_{0}^{+0.025}$ mm、$Ra \leqslant 1.6$ μm。

4）梯形螺纹。车削三线内螺纹 Tr32 × 18（P6）时，与外螺纹配合制作，牙型侧面 $Ra \leqslant 1.6$ μm（6 处）。

5）球部。$S\phi58$ mm 球体轮廓度公差为 0.2 mm，要保证球体的轮廓尺寸公差在要求的范围内。

6）沟槽。$10_{0}^{+0.03}$ mm × $\phi42$ mm。

7）长度。60 mm、30 mm、10 mm、8 mm、6 mm。

8）倒角。倒角 C3 mm（两处）及倒钝锐边（3 处）。

9）表面粗糙度。$Ra \leqslant 3.2$ μm（10 处）。

（3）内、外偏心套考核要求

1）外圆。$\phi36_{-0.025}^{-0.009}$ mm、$Ra \leqslant 1.6$ μm。

2）偏心外圆。$\phi42_{-0.025}^{-0.009}$ mm，偏心距为（2 ± 0.02）mm，$Ra \leqslant 1.6$ μm。

3）偏心内孔。$\phi20_{0}^{+0.021}$ mm，偏心距为（1 ± 0.02）mm，$Ra \leqslant 1.6$ μm。允许 $\phi20_{0}^{+0.021}$ mm 通过钻孔、扩孔、铰孔完成加工。

4）锥面。锥面大端 $\phi56_{-0.019}^{0}$ mm、1:5，$Ra \leqslant 1.6$ μm 用千分尺进行测量。锥面以 $\phi45$ mm 的轴线为基准轴线，检查径向圆跳动公差为 0.02 mm。

5）啮合沟槽。宽度为 $4_{+0.01}^{+0.04}$ mm，内径 $\phi45$ mm 的轴线为基准轴线。

6）表面粗糙度。$Ra \leqslant 3.2$ μm（6 处）。

7）倒角。C1 mm（两处）及倒钝锐边按照未注公差检测。

8）长度。27 mm、10 mm、7 mm；台宽（22 ± 0.02）mm 是涉及装配的精度。

9）几何公差。$\phi45$ mm 的轴线为基准 A，锥面对其同轴度公差为 $\phi0.02$ mm，$\phi36_{-0.025}^{-0.009}$ mm 对其同轴度公差为 $\phi0.02$ mm，$\phi20_{0}^{+0.021}$ mm 向下偏心轴线对其平行度公差为 0.02 mm，$\phi42_{-0.025}^{-0.009}$ mm 向上偏心轴线对其平行度公差为 0.02 mm，两处偏心距分布在 180°方向上。

（4）偏心套考核要求

1）外圆。$\phi58_{-0.019}^{0}$ mm、$Ra \leqslant 1.6$ μm，车削外圆时应留 0.5 mm 余量，允许装配后统一进行外圆精车。

2）内孔。$\phi36.5$ mm、$Ra \leqslant 1.6$ μm 是防止产生干涉而加大尺寸的。

3）偏心内孔。$\phi 42_{0}^{+0.03}$ mm、$Ra \leqslant 1.6$ μm。

4）锥面。锥面 1:5，$Ra \leqslant 1.6$ μm，大头 $\phi 56_{0}^{+0.03}$ mm 要进行直径尺寸的检测。偏心距为 (2 ± 0.02) mm。

5）几何公差。$\phi 58_{-0.019}^{0}$ mm 外径与 $\phi 56_{0}^{+0.03}$ mm 内径属于薄壁部分，圆度公差为 0.013 mm。

6）长度。12 mm、宽度 (22 ± 0.02) mm 及 (27 ± 0.028) mm。

7）倒角。$C1$ mm，倒钝锐边。

8）表面粗糙度。$Ra \leqslant 3.2$ μm（4 处）。

（5）装配考核要求

1）总长尺寸。81 mm。

2）偏心距。(1 ± 0.02) mm 及 (2 ± 0.02) mm。

3）认真清洗，去毛刺。在装配后，件 2、件 4 的 $\phi 58_{-0.019}^{0}$ mm 外圆需要进行一次精车。

重点提示：

1. 件 1 偏心螺杆为三线梯形螺纹，右侧有偏心轴；中间有直径定位尺寸 $\phi 34_{-0.025}^{-0.006}$ mm；左、右定位用中心孔为 B3.15 mm/10 mm；右侧轴为 $\phi 20_{-0.04}^{-0.02}$ mm，偏心距为 (2 ± 0.02) mm。起到中心定位作用。

2. 件 2 球形套内有三线梯形螺纹，螺旋升角大，内螺纹刀柄较细，加工上有一定困难。球形套外部为球形曲线的一部分，需要运用弧形刀具车削。球形套的右端部为端齿，需要与件 3 的凹槽进行配合。

3. 件 3 为内、外偏心套，内孔向下偏心 (1 ± 0.02) mm（从图面上看），$\phi 42_{-0.025}^{-0.009}$ mm 外圆向上偏心 (2 ± 0.02) mm（从图面上看），因此需要划线、找正。

4. 件 4 为偏心套，$\phi 42_{0}^{+0.03}$ mm 内孔处有 (2 ± 0.02) mm 偏心距，在件 3 与件 4 的接合部有 1:5 锥度研合。

---

2. 准备工作

加工梯形螺纹偏心组合工件的准备事项

序号	名称	准 备 事 项
1	材料	45 钢，$\phi 39$ mm × 86 mm、$\phi 63$ mm × 65 mm、$\phi 61$ mm × 37 mm、$\phi 63$ mm × 37 mm
2	设备	CA6140 型车床，四爪单动卡盘

序号	名称		准 备 事 项
3	工艺装备	刃具	90°外圆车刀，45°端面车刀，A2 mm/5 mm 中心钻，外车槽刀，90°内孔粗、精刀，ϕ34 mm、ϕ32 mm、ϕ24 mm、ϕ19.7 mm、ϕ18 mm 钻头，ϕ20 mm 铰刀，$R5$ mm 圆弧车刀，内孔锥度粗、精车刀，30°内、外梯形螺纹车刀
4		量具	游标卡尺 0.02 mm/（0～150 mm），千分尺 0.01 mm/（0～25 mm、25～50 mm、50～75 mm），磁座百分表 0.01 mm/（0～10 mm），30°螺距样板，钢直尺，内径百分表 0.01 mm/（0～18 mm、18～35 mm、35～50 mm），$S\phi$58 mm 圆球样板，万能角度尺 2′/（0°～320°）
5		工、辅具	钻夹具、回转顶尖、划线盘、活扳手、工艺夹套、旋具、计算器

3. 考核时限

完成本题操作基本时间为 150 min；每超过 10 min 从本题总分中扣除 10%，操作超过 20 min 本题为零分。

4. 评分项目及标准

梯形螺纹偏心组合工件评分项目及标准

评分项目	评分要点	配分比重（%）	评分标准	得分
		件 1—偏心螺杆		
1. 外圆	ϕ34$^{-0.006}_{-0.025}$ mm、$Ra \leqslant 1.6$ μm	1、1	超差不得分，Ra 降级不得分	
	ϕ22 mm	0.5	未注公差超差不得分	
2. 偏心轴径	ϕ20$^{-0.02}_{-0.04}$ mm、$Ra \leqslant 1.6$ μm	1、1	超差不得分，Ra 降级不得分	
	偏心距为（1±0.02）mm	1		
3. 中心孔	两端 B3.15 mm/10 mm	1×2		
4. 梯形螺纹	Tr32×18（P6）三线	0.5×3	超差不得分	
	大径 ϕ32$^{0}_{-0.035}$ mm	1		
	中径 ϕ29$^{-0.105}_{-0.442}$ mm	1		
	小径 ϕ25$^{0}_{-0.481}$ mm	1		
	两侧面 $Ra \leqslant 1.6$ μm（6 处）	1×6	降级不得分	
5. 长度	81 mm、30 mm、27 mm、10 mm	0.5×4	未注公差超差不得分	
6. 表面粗糙度	$Ra \leqslant 3.2$ μm（8 处）	0.5×8	降级不得分	
7. 倒角	C3 mm（两处），倒钝锐边（3 处）	0.5×5	未注公差超差不得分	
8. 几何公差	平行度公差为 0.02 mm	1	超差不得分	
合计		27.5		

评分项目	评分要点	配分比重（%）	评分标准	得分
	件2—球形套			
1. 外圆	$\phi 58_{-0.019}^{0}$ mm、$Ra \leq 1.6$ μm	1、1	超差不得分，Ra 降级不得分	
	$\phi 57$ mm、$Ra \leq 1.6$ μm（两处）	0.5×2、2×2	未注公差超差不得分 Ra 降级不得分	
2. 端面凸台	$\phi 37_{0}^{+0.025}$ mm、$\phi 45_{-0.025}^{0}$ mm	1、1	超差不得分	
3. 内孔	$\phi 34_{0}^{+0.025}$ mm、$Ra \leq 1.6$ μm	1、1	超差不得分，Ra 降级不得分	
4. 梯形螺纹	与外螺纹配合制作，牙型侧面 $Ra \leq$ 1.6 μm（6处）	1×6	降级不得分	
5. 球部	$S\phi 58$ mm 球体	2	错误不得分	
	球体轮廓度公差为 0.2 mm	0.5	超差不得分	
6. 沟槽	$10_{0}^{+0.03}$ mm×$\phi 42$ mm	0.5×2	超差不得分	
7. 长度	60 mm、30 mm、10 mm、8 mm、6 mm	0.5×5		
8. 倒角	倒角 C3 mm（两处）及倒钝锐边（3处）	0.5×5	未注公差超差不得分	
9. 表面粗糙度	$Ra \leq 3.2$ μm（10处）	0.5×10	降级不得分	
合计		30.5		
评分项目	评分要点	配分比重（%）	评分标准	得分
	件3—内、外偏心套			
1. 外圆	$\phi 36_{-0.025}^{-0.009}$ mm、$Ra \leq 1.6$ μm	1、1	超差不得分 Ra 降级不得分	
2. 内孔	$\phi 40_{0}^{+0.025}$ mm、$Ra \leq 1.6$ μm	1、1		
3. 偏心外圆	$\phi 42_{-0.025}^{-0.009}$ mm、$Ra \leq 1.6$ μm	1、1		
	偏心距为（2±0.02）mm	1	超差不得分	
4. 偏心内孔	$\phi 20_{0}^{+0.021}$ mm、$Ra \leq 1.6$ μm	1、1	超差不得分，Ra 降级不得分	
	偏心距为（1±0.02）mm	1	超差不得分	
5. 锥面	1:5、$Ra \leq 1.6$ μm	1、1	降级不得分	
	锥面大端 $\phi 56_{-0.019}^{0}$ mm	0.5	超差不得分	
6. 啮合沟槽	宽度为 $4_{+0.01}^{+0.04}$ mm	0.5		
	内径 $\phi 45$ mm	0.5	未注公差超差不得分	
7. 表面粗糙度	$Ra \leq 3.2$ μm（6处）	0.5×6	降级不得分	
8. 倒角　合计	C1 mm（两处）及倒钝锐边	0.5×2	未注公差超差不得分	

评分项目	评分要点	配分比重（%）	评分标准	得分
件 3—内、外偏心套				
9. 长度	台宽（22±0.02）mm	1	超差不得分	
	27 mm、10 mm、7 mm	0.5×3	未注公差超差不得分	
10. 几何公差	同轴度公差为 ϕ0.02 mm（两处）	1×2	超差不得分	
	$\phi 20^{+0.021}_{0}$ mm 向下偏心轴线的平行度公差为 0.02 mm	1		
	$\phi 42^{-0.009}_{-0.025}$ mm 向上偏心轴线的平行度公差为 0.02 mm	1		
全计		24		
评分项目	评分要点	配分比重（%）	评分标准	得分
件 4—偏心套				
1. 外圆	$\phi 58^{0}_{-0.019}$ mm，$Ra \leqslant 1.6$ μm	1、1	超差不得分，Ra 降级不得分	
2. 内孔	ϕ36.5 mm，$Ra \leqslant 1.6$ μm	1、1		
3. 偏心内孔	$\phi 42^{+0.03}_{0}$ mm，$Ra \leqslant 1.6$ μm	1、1		
4. 锥面	锥面 1:5，$Ra \leqslant 1.6$ μm	1、1		
	大头 $\phi 56^{+0.03}_{0}$ mm	1		
	偏心距为（2±0.02）mm	1		
5. 几何公差	圆度公差为 0.013 mm	1	超差不得分	
6. 长度	宽度（22±0.02）mm、（27±0.028）mm	0.5×2		
	12 mm	0.5	未注公差超差不得分	
7. 倒角	C1 mm，倒钝锐边	0.5		
8. 表面粗糙度	$Ra \leqslant 3.2$ μm（4 处）	0.5×4	降级不得分	
合计		15		

评分项目	评分要点	配分比重（%）	评分标准	得分
装配				
1. 总长尺寸	81 mm	1	未注公差超差不得分	
2. 偏心距	装配（1±0.02）mm、（2±0.02）mm	0.5×2		
3. 配车	清洗、打毛刺、装配后，件2、件4$\phi 58^{\ 0}_{-0.019}$ mm 外圆进行精车	1	超差不得分	
合计		3		
总计		100		

第6章 车床维护、保养与调整

考 核 要 点

操作技能考核范围	考核要点	重要程度
润滑油的供给	清洗主轴箱体、进给箱体，清洗油箱、滤油器、分油器及油路	★★★
安全离合器的调整	安全离合器的调整	★★★

注："重要程度"中"★"为级别最低，"★★★"为级别最高。

第3部分　模拟试卷

高级车工理论知识考核模拟试卷

一、**判断题** （下列判断正确的请在括号内打"√"，错误的请在括号内打"×"，每题1分，共20分）

1. 滑动轴承的主要失效形式是磨损。　　　　　　　　　　　　　　　　（　　）

2. 车削加工的表面不能直接进行轮式珩磨。　　　　　　　　　　　　　（　　）

3. 深孔加工中必须首先解决排屑、导向和冷却这几个主要问题。　　　　（　　）

4. 车削内螺纹时，刀柄伸入工件孔内，刚度及强度较差，应选择较小的切削用量。
　　　　　　　　　　　　　　　　　　　　　　　　　　　　　　　（　　）

5. 多线螺纹分线时产生的误差会使多线螺纹的螺距不等，严重地影响螺纹的配合精度，降低使用寿命。　　　　　　　　　　　　　　　　　　　　　　　　　（　　）

6. 轴向直廓蜗杆的齿形是阿基米德螺旋线。　　　　　　　　　　　　　（　　）

7. 丝杠受热伸长后不会产生螺距累积误差。　　　　　　　　　　　　　（　　）

8. 车削偏心距较大的曲轴时，不需要其他夹具就能够进行装夹和车削。　（　　）

9. 装夹曲轴保证工件的刚度时，若工件较长，可以在先加工好的轴颈处上跟刀架进行支承。　　　　　　　　　　　　　　　　　　　　　　　　　　　　　　（　　）

10. 缺圆块状工件加工是连续切削加工。　　　　　　　　　　　　　　　（　　）

11. 加工缺圆块状工件时，由于测量不准确，容易产生椭圆或棱圆。　　（　　）

12. 采用花盘定位套、压板等方法装夹缺圆块状工件。　　　　　　　　（　　）

13. 曲柄颈夹角是测量多拐曲轴与一般轴类零件不同的项目。　　　　　（　　）

14. 装夹箱体零件时，夹紧力的方向应尽量与基准平面平行。　　　　　（　　）

15. 加工箱体时一般都要用箱体上重要的孔作为精基准。　　　　　　　（　　）

16. 加工减速箱体时，应先加工基准面，再以它作为定位基准加工其他部位。（　　）

17. 加工箱体孔时，若箱体位置发生变动，对平行孔的平行度没有影响。（　　）

18. 加工组合件时应首先车出带孔的零件。　　　　　　　　　　　　　（　　）

19. 组合件加工中，基准零件若有螺纹配合，则应用板牙和丝锥加工成形。 （　　）

20. 安全离合器弹簧压力不足时，与弹簧的压缩量小无关。 （　　）

二、单项选择题（下列每题有 4 个选项，其中只有 1 个是正确的，请将其代号填写在横线空白处，每题 1 分，共 60 分）

1. 为了保证滑动轴承内孔、外圆的同轴度，应采用_____车削后进行切断。

    A. 一次　　　　　　　　　　　　B. 掉头

    C. 粗、精　　　　　　　　　　　D. 多次

2. 直径较大的套筒一般选择_____加工而成。

    A. 热轧棒料　　　　　　　　　　B. 冷拔棒料

    C. 实心铸件　　　　　　　　　　D. 无缝钢管

3. 短套筒多个表面一般不能在一次装夹中完成加工，以内孔定位装夹在心轴上精车外圆和外台阶面，这个内孔称为_____基准面。

    A. 设计　　　　　　　　　　　　B. 测量

    C. 工艺定位　　　　　　　　　　D. 装配

4. 在立式车床上可加工_____的工件。

    A. 尺寸较大、长径比较大　　　　B. 尺寸较小、长径比较大

    C. 尺寸较大、长径比较小　　　　D. 尺寸较小、长径比较小

5. 孔径较小的孔大多采用_____的方案。

    A. 钻孔、扩孔、铰孔　　　　　　B. 磨孔

    C. 钻孔后车孔　　　　　　　　　D. 钻孔

6. $\phi20$ mm 的孔，一般钻孔后给铰孔留余量_____mm。

    A. 0.15 ~ 0.35　　　　　　　　　B. 0.25 ~ 0.35

    C. 0.04 ~ 0.15　　　　　　　　　D. 0.04 ~ 0.10

7. 在车床上镗削内孔以_____旋转做主运动。

    A. 镗刀　　　　　　　　　　　　B. 车刀

    C. 铣刀　　　　　　　　　　　　D. 刨刀

8. 车削同轴度要求较高的套类工件时，可采用_____装夹工件。

    A. 台阶式心轴　　　　　　　　　B. 小锥度心轴

    C. 弹力心轴　　　　　　　　　　D. 顶尖

9. 深孔加工的关键技术是选择合理的深孔钻几何形状和角度，解决_____问题。

    A. 冷却和排屑　　　　　　　　　B. 冷却和测量

    C. 切削和冷却　　　　　　　　　D. 排屑和测量

10. 精铰深孔时，孔的直线度已预先保证，否则_____出现直线度误差。

    A. 一定   B. 不一定

    C. 一定不   D. 有可能

11. 在夹紧薄壁类工件时，夹紧力着力部位应尽量_____。

    A. 接近工件的加工表面

    B. 远离工件的加工表面

    C. 远离工件的加工表面，并尽可能使夹紧力增大

    D. 接近工件的加工表面，且夹紧力越大越好

12. 丝杠垂直吊起放置是为了_____。

    A. 省地方   B. 流净切削液

    C. 防止丝杠因自重而产生弯曲变形   D. 怕受地面其他东西磕碰

13. 车削螺纹表面啃刀是由于_____造成的。

    A. 车刀安装得过高或过低、车刀磨损过大

    B. 车刀刃口磨得不光洁

    C. 车床丝杠本身的螺距局部误差

    D. 背吃刀量太大

14. 车削螺纹表面粗糙是由于_____造成的。

    A. 车刀安装得过高或过低   B. 车刀刃口磨得不光洁

    C. 车床丝杠本身的螺距局部误差   D. 背吃刀量太大

15. 蜗杆的齿根高为_____个轴向模数。

    A. 1   B. 1.2

    C. 2   D. 2.2

16. 车出的螺纹牙型两侧面不直是由于_____。

    A. 车刀的两侧刃不直   B. 车刀的顶宽太窄

    C. 车刀前角过大   D. 内螺纹底径车得太小

17. 若螺纹车刀的刀尖圆弧太大，会使车出的三角形螺纹底径太宽，造成_____。

    A. 螺纹环规通端旋进，止端旋不进   B. 螺纹环规通端旋不进，止端旋进

    C. 螺纹环规通端和止端都旋进   D. 螺纹环规通端和止端都旋不进

18. 车削多线蜗杆时，应按工件的_____选择交换齿轮。

    A. 齿厚   B. 齿槽

    C. 螺距   D. 导程

19. 粗车轴向直廓蜗杆时，为防止一侧切削刃前角过小，可以采用_____装刀法。

A. 垂直　　　　　　　　　　　　B. 水平

C. 切向　　　　　　　　　　　　D. 法向

20. 车削螺纹时，若车刀的径向前角太大，易产生_____现象。

A. 扎刀　　　　　　　　　　　　B. 让刀

C. 打刀　　　　　　　　　　　　D. 以上选项都正确

21. 车削丝杠螺纹时，必须考虑螺纹升角对车削的影响，车刀进给方向的后角应取_____。

A. $2° \sim 3°$　　　　　　　　　B. $3° \sim 5°$

C. $(3° \sim 5°) + \psi$　　　　　D. $(3° \sim 5°) - \psi$

22. 车削多头蜗杆第一条螺旋槽时，应验证_____是否正确。

A. 螺距　　　　　　　　　　　　B. 导程

C. 齿形　　　　　　　　　　　　D. 齿形角

23. 用齿轮卡尺测量蜗杆的法向齿厚时，应把齿高卡尺的读数调整到_____的尺寸。

A. 齿全高　　　　　　　　　　　B. 齿根高

C. 齿顶高　　　　　　　　　　　D. 齿距

24. 田字框线的作用是_____。

A. 粗找正看线　　　　　　　　　B. 找正同轴十字线

C. 检测孔框线　　　　　　　　　D. 找正水平侧母线

25. 可用_____检验两个孔的偏心距这一精密尺寸。

A. 两个检验棒，用外径千分尺　　B. 游标卡尺

C. 量块　　　　　　　　　　　　D. 百分表

26. 曲轴直径较大、偏心距不大时，采用_____装夹的方法。

A. 两顶尖　　　　　　　　　　　B. 偏心夹板

C. 一夹一顶　　　　　　　　　　D. 专用偏心夹具

27. 采用两顶尖法装夹及车削时，曲轴的曲柄颈之间及与主轴颈之间的平行度由_____保证。

A. 量块　　　　　　　　　　　　B. 百分表

C. 中心孔　　　　　　　　　　　D. 操作工定位

28. 检验精度要求较高的偏心工件时，可用_____检验孔距尺寸。

A. 百分表　　　　　　　　　　　B. 卡尺

C. 量块　　　　　　　　　　　　D. 两个检验棒，用外径千分尺

29. 常用的曲柄颈_____的检测方法是垫块测量法。

A. 夹角 　　　　　　　　　B. 精度

C. 角度 　　　　　　　　　D. 平行度

30. 曲柄颈轴线与主轴颈轴线之间几何精度要求主要是_____。

A. 尺寸 　　　　　　　　　B. 公差

C. 平行度 　　　　　　　　D. 圆度

31. 在花盘上检测所车削的缺圆工件不同的圆弧外径与内径时，是通过_____测量的。

A. 游标卡尺 　　　　　　　B. 测量棒

C. 千分尺 　　　　　　　　D. 量块

32. 找正偏心距为 2.4 mm 的偏心工件时，百分表的最小量程为_____mm。

A. 15 　　　　　　　　　　B. 4.8

C. 5 　　　　　　　　　　　D. 10

33. 偏心距较小时，百分表指示的最大值与最小值_____即为零件的偏心距。

A. 之差 　　　　　　　　　B. 之差的一半

C. 和的一半 　　　　　　　D. 一半的和

34. 用两顶尖装夹车削多拐曲轴，若顶尖顶得太紧，会使工件回转轴线弯曲，增大曲柄颈轴线对主轴颈轴线的_____误差。

A. 平行度 　　　　　　　　B. 对称度

C. 直线度 　　　　　　　　D. 圆度

35. 若曲柄颈偏心距较大，两端无法钻中心孔时，可以使用偏心夹板在_____装夹。

A. 两顶尖间 　　　　　　　B. 偏心卡盘上

C. 四爪卡盘上 　　　　　　D. 三爪卡盘上

36. 测量孔轴线与端面的垂直度时，要在孔内塞入心轴，心轴一端安装_____，让百分表的测头在垂直于被测孔的工件端面上并使心轴旋转一周。

A. 百分表 　　　　　　　　B. 量块

C. 90°角尺 　　　　　　　　D. 游标高度尺

37. 在花盘角铁上车削具有平行孔系的箱体时，由于_____，平行度要求容易保证。

A. 基准统一 　　　　　　　B. 基准重合

C. 装夹方便 　　　　　　　D. 调整容易

38. 车削具有平行孔系的箱体类零件时，车好第一个孔后，若车削第二孔时找正不正确，会产生_____误差。

A. 平行孔的垂直度 　　　　B. 孔的尺寸

C. 平行孔的平行度　　　　　　　　D. 孔的表面粗糙度

39. 同一轴线的孔应有一定的_____的要求。

A. 平行度　　　　　　　　　　　B. 同轴度

C. 垂直度　　　　　　　　　　　D. 尺寸

40. 检测时用检验棒同时伸过两个贯通同轴向孔，一是检验孔尺寸，二是检验_____。

A. 平行度　　　　　　　　　　　B. 同轴度

C. 垂直度　　　　　　　　　　　D. 直线度

41. 车削两半箱体上同轴的孔，组装后将两个同轴的孔同时加工，拆开后再次组装，工件的位置精度将_____。

A. 下降　　　　　　　　　　　　B. 不变

C. 提高　　　　　　　　　　　　D. 不能判断

42. 加工箱体孔时，_____对平行孔的平行度没有影响。

A. 车削中箱体位置发生变动　　　B. 找正不准确

C. 花盘表面与主轴轴线有垂直度误差　　D. 刀柄刚度差

43. 在精基准的选择中，选择加工表面的设计基准作为定位基准遵循了_____原则。

A. 基准重合　　　　　　　　　　B. 互为基准

C. 自为基准　　　　　　　　　　D. 保证定位可靠

44. 箱体通过夹紧装置的作用，可以使工件_____。

A. 待加工位置发生改变　　　　　B. 定位更加准确

C. 产生变形　　　　　　　　　　D. 保持可靠定位

45. 采用花盘、角铁装夹工件时，角铁与花盘两平面应_____。

A. 成锐角　　　　　　　　　　　B. 成钝角

C. 互相垂直　　　　　　　　　　D. 不做要求

46. 成批生产交错孔零件时，一般采用粗、精加工_____进行的原则。

A. 分开　　　　　　　　　　　　B. 合并

C. 交替　　　　　　　　　　　　D. 同时

47. 装夹大型及某些形状特殊的畸形工件时，为提高装夹的稳定性，可采用_____，但不允许破坏原来的定位状况。

A. 支承钉　　　　　　　　　　　B. 支承板

C. 辅助支承　　　　　　　　　　D. 可调支承

48. 在车削口小、腔大的密封轴承座时，为了精确掌握轴承的直径车削尺寸，需要

_____。

A. 以孔口对刀   B. 拆除上盖对刀

C. 摸索着对刀   D. 不断打开上盖观察车削情况

49. 起模斜角的作用是_____。

A. 起模顺利   B. 省料

C. 好看   D. 盛料

50. 组合件加工时，对于外螺纹应控制在_____。

A. 最小极限尺寸   B. 最大极限尺寸

C. 允许误差的 $\frac{1}{2}$ D. 允许误差的 $\frac{1}{3}$

51. 用正弦规进行测量时，垫进量块的高度 H 的计算公式为_____。

A. $H = L\tan\alpha$ B. $H = L\cot\alpha$

C. $H = L\cos\alpha$ D. $H = L\sin\alpha$

52. 组合件加工中，基准零件若有螺纹配合，则应用_____加工成形。

A. 板牙   B. 丝锥

C. 板牙和丝锥   D. 车削

53. 下列关于装配基准的解释正确的是_____。

A. 装配基准是虚拟的   B. 装配基准和定位基准是同一个概念

C. 装配基准真实存在   D. 装配基准和设计基准一定重合

54. 组合夹具的调整主要是对_____进行调整。

A. 定位件和压紧件   B. 定位件和支承件

C. 定位件和导向件   D. 压紧件和支承件

55. 蜗杆与蜗轮的轴线在空间呈_____状态。

A. 任意   B. 垂直

C. 平行   D. 交错

56. 安全离合器弹簧压力不足时，需要_____。

A. 调整锁紧螺母处拉杆   B. 传递转矩降低

C. 弹簧的压缩量小   D. 进给手柄脱开

57. 油液的黏度越大，_____。

A. 内摩擦力就越大，流动性较好   B. 内摩擦力就越大，流动性较差

C. 内摩擦力就越小，流动性较好   D. 内摩擦力就越小，流动性较差

58. 温度上升，油液的黏度_____。

A. 下降　　　　　　　　　　　　B. 不变

C. 增大　　　　　　　　　　　　D. 变稠

59. 安全离合器过载保护装置的作用是防止过载和偶然事故时损坏机床的机构，而使_____。

A. 溜板箱停止移动　　　　　　　B. 主轴停止转动

C. 机床断电　　　　　　　　　　D. 刀具损坏

60. 检修液压设备时，若发现油箱中油液显乳白色，主要是由于油中混入_____。

A. 水或切削液　　　　　　　　　B. 空气

C. 机械杂质　　　　　　　　　　D. 汽油

三、多项选择题（下列每题的多个选项中至少有两个是正确的，请将其代号填写在横线空白处，每题 1 分，共 20 分）

1. 软卡爪是_____。

A. 现场车制的　　　　　　　　　B. 装上就能用的

C. 标准的夹具　　　　　　　　　D. 未淬火的

E. 用合金钢制成的

2. 轴向夹紧夹具的优点是_____。

A. 径向夹紧力小　　　　　　　　B. 径向夹紧力大

C. 无径向夹紧力　　　　　　　　D. 有轴向夹紧力

E. 径向变形小

3. 深孔钻削时首先要解决_____问题。

A. 排屑　　　　　　　　　　　　B. 导向

C. 冷却　　　　　　　　　　　　D. 深孔观察

E. 钻杆振动

4. 深孔加工需使用_____。

A. 机床尾座　　　　　　　　　　B. 特殊刀具

C. 常用刀具　　　　　　　　　　D. 特殊附件

E. 切削液

5. 珩磨常用于加工液压缸筒、_____外形不便旋转的大型工件以及细长孔等。

A. 阀孔　　　　　　　　　　　　B. 套孔

C. 内槽　　　　　　　　　　　　D. 端面

E. 螺纹

6. 加工长丝杠时要_____。

A. 合理选择车削方法

B. 加大进给量

C. 根据工件的材料正确选用刀具

D. 对工件充分冷却及润滑

E. 对机床部位进行调整，提高机床的精度

7. 影响螺距累积误差的因素一般有_____。

A. 主轴的高温   B. 工件的温差

C. 机床丝杠的温差   D. 床身导轨在水平面内不平行

E. 机床床身扭曲，使导轨在垂直平面倾斜

8. 大模数多头蜗杆的车削原则是_____。

A. 每头一次车成   B. 粗车

C. 半精车   D. 多次循环分头

E. 依次逐面车削

9. 测量蜗杆分度圆处精度的量具有_____。

A. 游标卡尺   B. 千分尺

C. 齿厚游标卡尺   D. 测量三针

E. 环规

10. 用四爪单动卡盘装夹三爪自定心卡盘后再装夹工件加工适用于车削_____。

A. 形状较小的偏心工件   B. 较短且偏心距不大的偏心工件

C. 精度要求不高的偏心工件   D. 偏心距较大的工件

E. 装夹不牢固的工件

11. 装夹加工偏心距较大的孔时，可以采用_____装夹。

A. 胀心力轴   B. 花盘装夹

C. 开缝夹套   D. 四爪单动卡盘

E. 四爪单动卡盘焊接工艺软爪

12. 加工曲轴时，为防止因顶尖支顶力量过大而引起工件变形，采取的方法是_____。

A. 降低切削速度   B. 使用支承

C. 合理支承夹板   D. 充分冷却

E. 车刀锋利

13. 缺圆孔块状工件是指_____。

A. 偏心圆环的一部分   B. 同心圆环的一部分

C. 有内、外圆弧尺寸要求的镶嵌畸形件　　D. 整圆环件

E. 半圆环件

14. 将内孔加工成喇叭孔的主要原因有_____。

    A. 主轴轴线与床鞍运动不平行　　　　B. 床鞍磨损

    C. 钻头磨损　　　　　　　　　　　　D. 车刀中途磨损

    E. 小滑板角度不正确

15. 箱体孔的加工难点是孔的加工，而车孔的关键技术是解决车刀的_____问题。

    A. 锋利　　　　　　　　　　　　　　B. 刚度

    C. 冷却　　　　　　　　　　　　　　D. 排屑

    E. 精度

16. 加工蜗轮壳体时一般采用简单的夹具，如使用_____装夹，否则很难保证加工精度。

    A. 花盘　　　　　　　　　　　　　　B. 四爪单动卡盘

    C. 角铁　　　　　　　　　　　　　　D. 三爪自定心卡盘

    E. 偏心夹具

17. 加工大型对半平分套筒时，使用中心架的作用是_____。

    A. 扶正工件　　　　　　　　　　　　B. 支承工件

    C. 找正工件　　　　　　　　　　　　D. 支托工件

    E. 装夹工件

18. 在螺纹配合的组合件中，下列有关内、外螺纹中径尺寸的控制叙述正确的是_____。

    A. 外螺纹取 1/4　　　　　　　　　　B. 内螺纹取 1/3

    C. 外螺纹取接近下极限尺寸　　　　　D. 内螺纹取接近上极限尺寸

    E. 取正值

19. 内、外偏心组合件的加工主要与_____等知识相关。

    A. 保证位置精度的措施　　　　　　　B. 工艺尺寸链计算

    C. 材料知识　　　　　　　　　　　　D. 测量方法

    E. 装配方法

20. 安全离合器的作用是在_____时自动停止进给运动。

    A. 进给抗力过大　　　　　　　　　　B. 切削量大

    C. 进给量大　　　　　　　　　　　　D. 切削速度高

    E. 刀架运动受到阻碍

高级车工理论知识考核模拟试卷参考答案及说明

一、判断题

1. √

2. ×。即使车削加工的表面也可直接进行轮式珩磨。

3. √   4. √   5. √   6. √

7. ×。丝杠受热伸长后会产生螺距累积误差，可以采用补偿办法来解决。

8. ×。车削偏心距较大的曲轴，而且无法在端面上钻出偏心中心孔的工件可以利用偏心夹具进行装夹。

9. ×。装夹曲轴保证工件的刚度时，若工件较长，可以在先加工好的轴颈处上中心架进行支承。

10. ×。缺圆块状工件加工是断续切削加工。

11. ×。加工缺圆块状工件时，由于断续加工，容易产生椭圆或棱圆。

12. √   13. √

14. ×。装夹箱体零件时，夹紧力的方向应尽量与基准平面垂直。

15. ×。加工箱体时一般都要用箱体上重要的孔和平面作为精基准。

16. √

17. ×。加工箱体孔时，若箱体位置发生变动，对平行孔会造成歪斜的误差。

18. ×。加工组合件时应首先车出基准零件。

19. ×。组合件加工中，基准零件若有螺纹配合，则应该用车削加工成形。

20. ×。安全离合器弹簧压力不足时，与调整锁紧螺母有关，改变弹簧的压缩量。

二、单项选择题

1. A   2. D   3. C   4. C   5. A   6. B   7. B   8. B   9. A

10. A   11. B   12. C   13. A   14. B   15. B   16. A   17. B   18. D

19. A   20. A   21. C   22. B   23. C   24. C   25. A   26. C   27. C

28. D   29. A   30. C   31. C   32. C   33. B   34. A   35. B   36. A

37. A   38. C   39. B   40. B   41. A   42. D   43. A   44. D   45. C

46. A   47. C   48. B   49. A   50. A   51. D   52. D   53. C   54. A

55. B   56. A   57. B   58. A   59. A   60. A

三、多项选择题

1. AD	2. CDE	3. ABC	4. BDE	5. AB	6. ACDE
7. BCDE	8. DE	9. CD	10. ABC	11. BE	12. BC
13. ABCE	14. ABD	15. BD	16. AC	17. BD	18. CD
19. ABDE	20. ACE				

高级车工操作技能考核模拟试卷

【题目1】套筒

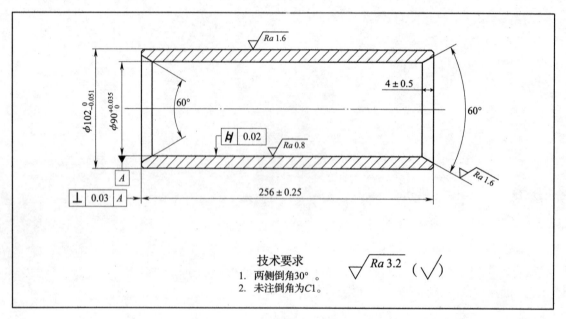

套筒

1. 考核要求

（1）套筒外径

套筒全长外圆尺寸为 $\phi 102_{-0.051}^{0}$ mm，表面粗糙度 $Ra \leqslant 1.6$ μm。

（2）内孔直径

套筒全长内孔尺寸为 $\phi 90_{0}^{+0.035}$ mm，表面粗糙度 $Ra \leqslant 0.8$ μm，内孔需要研磨，要求圆柱度公差为 0.02 mm。

（3）端面对内孔的垂直度

要求左端面对内孔的垂直度公差为 0.03 mm。

（4）两面内孔锥角

两面内孔锥角为60°。

2. 准备工作

加工套筒的准备事项

序号	名称		准　备　事　项
1	材料		45 钢，$\phi105$ mm $\times \phi80$ mm $\times 300$ mm
2	设备		CA6140 型车床，三爪自定心卡盘、四爪单动卡盘及卡盘扳手
3	工艺装备	刀具	90° 外圆车刀、45° 弯头车刀、内孔车刀、内孔精车刀、60° 内孔车刀
4		量具	游标卡尺 0.02 mm/（0～300 mm），千分尺 0.01 mm/（75～100 mm、100～125 mm），钢直尺，内径百分表 0.01 mm/（50～160 mm）
5		工、辅具	钻夹具、活扳手、旋具等常用工具，自制内孔浮动刀柄

3. 考核时限

完成本题操作基本时间为 120 min；每超过 10 min 从本题总分中扣除 10%，操作超过 30 min 本题为零分。

4. 评分项目及标准

套筒评分项目及标准

评分项目	评分要点	配分比重（%）	评分标准	得分
1. 外圆	$\phi102_{-0.051}^{0}$ mm、$Ra \leqslant 1.6$ μm	12、17	超差不得分	
2. 内孔	$\phi90_{0}^{+0.035}$ mm、$Ra \leqslant 0.8$ μm	12、17	Ra 降级不得分	
3. 几何公差	左端面对内孔的垂直度公差为 0.03 mm	5	超差不得分	
	内孔圆柱度公差为 0.02 mm	1		
4. 倒角	锥角 60°，$Ra \leqslant 1.6$ μm　各两处	2×4，2×4	超差不得分，Ra 降级不得分	
5. 长度	（256±0.25）mm	10	超差不得分	
	（4±0.5）mm　两处	2×3		
6. 其余 $Ra \leqslant$ 3.2 μm	两处	2×2	Ra 每降 1 级扣该项配分的 1/2	
合计		100		

【题目 2】偏心套

1. 考核要求

（1）工件外圆的基准要求

外圆尺寸为 $\phi50_{-0.025}^{0}$ mm，$Ra \leqslant 1.6$ μm，属于工件的找正基准，要求按照此基准加工内孔 $\phi25_{0}^{+0.021}$ mm，$Ra \leqslant 1.6$ μm，且找正偏心距（2±0.03）mm，车削两侧反向双偏心孔 $\phi35_{0}^{+0.025}$ mm，$Ra \leqslant 1.6$ μm。

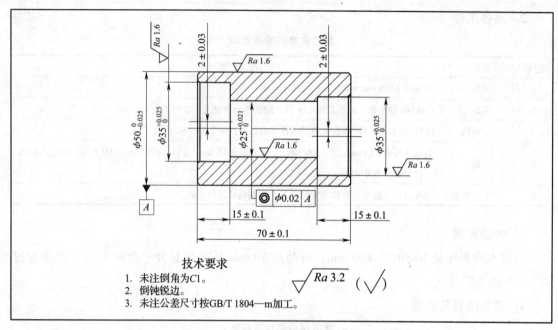

技术要求
1. 未注倒角为C1。
2. 倒钝锐边。
3. 未注公差尺寸按GB/T 1804—m加工。

$\sqrt{Ra\,3.2}$ $(\sqrt{})$

偏心套

（2）几何公差

内孔对外圆的同轴度公差为 $\phi0.02$ mm，可以将工件放在 V 形架上，以基准外圆作为定位基准，在两侧的偏心孔压杠杆百分表检测偏心距。

（3）长度尺寸

（15±0.1）mm（两处），（70±0.1）mm 按照标注公差加工，倒角 C1 mm 共 4 处，按照未注公差 GB/T 1804—m 检测。

2. 准备工作

加工偏心套的准备事项

序号	名称		准 备 事 项
1	材料		$\phi55$ mm×100 mm
2	设备		CA 6140 型车床
3	工艺装备	刃具	90°粗车刀、45°弯头车刀、90°精车刀、内孔粗车刀、内孔精车刀、钻头 $\phi23$ mm、钻头 $\phi32$ mm
4		量具	游标卡尺 0.02 mm/（0～150 mm），千分尺 0.01 mm/（25～50 mm），内孔百分表 0.01 mm/（18～36 mm），磁座百分表 0.01 mm/（0～10 mm）
5		工、辅具	铜皮、一字旋具、活扳手、顶尖及钻夹具、其他常用工具

3. 考核时限

完成本题操作基本时间为 120 min。每超过 10 min 从本题总分中扣除 10%，操作超过 30 min本题为零分。

4．评分项目及标准

偏心套评分项目及标准

评分项目	评分要点	配分比重（%）	评分标准	得分
1．外圆	外圆 $\phi50_{-0.025}^{0}$ mm、$Ra \leqslant 1.6\ \mu m$	8，7		
2．内孔	内孔 $\phi25_{0}^{+0.021}$ mm、$Ra \leqslant 1.6\ \mu m$	8，7	超差不得分 Ra 降级不得分	
	两侧反向双偏心孔 $\phi35_{0}^{+0.025}$ mm，$Ra \leqslant 1.6\ \mu m$	$2 \times (8，7)$		
	偏心距（2 ± 0.03）mm	5	超差不得分	
3．几何公差	内孔对外圆的同轴度公差为 $\phi0.02$ mm	4	超差不得分	
4．长度	（15 ± 0.1）mm　两处	5×2	按照标注公差加工，超差不得分	
	（70 ± 0.1）mm	5		
5．倒角	倒角 $C1$ mm　4 处	2×3	未注公差超差不得分	
	倒钝锐边　两处	2×2		
6．其余 $Ra \leqslant$ 3.2 μm	两处	3×2	Ra 每降 1 级扣该项配分的 1/2	
合计		100		

【题目3】双线蜗杆

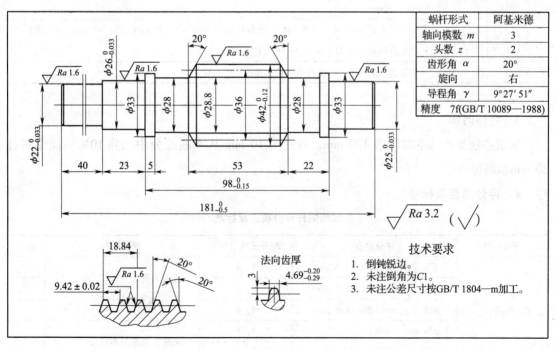

双线蜗杆

1. 考核要求

（1）工件两侧基准外圆要求

$\phi22_{-0.033}^{0}$ mm、$\phi26_{-0.033}^{0}$ mm、$\phi25_{-0.033}^{0}$ mm 三处外圆为一条主轴线，加工时要考虑这三处尺寸公差和表面粗糙度 $Ra \leqslant 1.6$ μm 要求。

（2）齿形部分

法向齿厚 $4.69_{-0.29}^{-0.20}$ mm 用齿厚游标卡尺检测，齿形两侧表面粗糙度 $Ra \leqslant 1.6$ μm，模数、旋向、头数要正确。

（3）长度尺寸及其他部分

$98_{-0.15}^{0}$ mm、$181_{-0.5}^{0}$ mm 超差不合格，40 mm、23 mm、53 mm、22 mm、5 mm（两处）、外圆 $\phi33$ mm（两处）、$\phi28$ mm（两处），倒角20°（两处）、C1 mm（两处）均按照未注公差 GB/T 1804—m 检测。

2. 准备工作

加工双线蜗杆的准备事项

序号	名称		准 备 事 项
1	材料		45钢
2	设备		CA6140型车床
3	工艺装备	刃具	90°车刀、90°反偏车刀、45°弯头车刀、车槽刀、外圆精车刀、40°蜗杆车刀、中心钻2.5 mm/6.3 mm
4		量具	游标卡尺0.02 mm/（0~200 mm），千分尺0.01 mm/（0~25 mm、25~50 mm），40°角度样板；齿厚游标卡尺0.02 mm/（0~16m_x）
5		工、辅具	一字旋具、活扳手、顶尖及钻夹具、其他常用工具

3. 考核时限

完成本题操作基本时间为120 min。每超过10 min从本题总分中扣除10%，操作超过30 min本题为零分。

4. 评分项目及标准

双线蜗杆评分项目及标准

评分项目	评分要点	配分比重（%）	评分标准	得分
1. 外圆	$\phi22_{-0.033}^{0}$ mm，$Ra \leqslant 1.6$ μm	5，4	超差不得分 Ra 降级不得分	
	$\phi26_{-0.033}^{0}$ mm，$Ra \leqslant 1.6$ μm	5，4		
	$\phi25_{-0.033}^{0}$ mm，$Ra \leqslant 1.6$ μm	5，4		
	$\phi33$ mm（两处）	2，1	未注公差超差不得分	
	$\phi28$ mm（两处）	2，1		

续表

评分项目	评分要点	配分比重（%）	评分标准	得分
2. 齿形	齿顶圆 $\phi42_{-0.12}^{\,0}$ mm，$Ra\leq$ 1.6 μm	4，4	超差不得分 Ra 降级不得分	
	齿根圆 $\phi28.8$ mm，$Ra\leq3.2$ μm	2	未注公差超差不得分 Ra 降级不得分	
	法向齿厚 $4.69_{-0.29}^{-0.20}$ mm　双头	5×2	超差不得分	
	齿形两侧 $Ra\leq1.6$ μm，共 4 面	5×4	Ra 降级不得分	
	模数、旋向、头数	3	错误不得分	
3. 长度	$98_{-0.15}^{\,0}$ mm、$181_{-0.5}^{\,0}$ mm	3×2	超差不得分	
	40 mm、23 mm、53 mm、22 mm、5 mm（两处）	1×6	未注公差超差不得分	
4. 倒角	20°　两处	1×2		
	未注倒角 $C1$ mm　7 处	0.5×7		
5. 其余 $Ra\leq3.2$ μm	13 处	0.5×13	Ra 每降 1 级扣该项配分的 1/2	
合计		100		